SAMMLUNG GÖSCHEN BAND 1146

Die synchrone Maschine

Von

Dr.-Ing. Karl Humburg

Professor an der Technischen Hochschule Hannover

Mit 78 Bildern

Neudruck

Walter de Gruyter & Co.

vormals G. J. Göschen'sche Verlagshandlung · J. Guttentag, Verlagsbuchhandlung · Georg Reimer · Karl J. Trübner · Veit & Comp.

Berlin 1951

Archiv-Nr. 11 11 46

Druck von Walter de Gruyter & Co., Berlin W 35

Inhaltsverzeichnis

Verzeichnis der Formelzeichen

A Strombelag.
a Zahl der parallelen Zweige in einem Wicklungsstrang.
B Magnetische Induktion im Luftspalt.
B_{max} Höchstwert der Induktion in einer Polteilung.
B_1 Scheitelwert der Grundwelle der Induktion.
B_n Scheitelwert der n-ten Oberwelle der Induktion.
b_n Nutenweite.
b_s Nutenöffnung.
D Ständerinnendurchmesser.
E Hauptfeldspannung.
E_1 Grundwelle der Hauptfeldspannung.
E_0 Leerlaufspannung (fiktive).
E_a Ankerfeldspannung.
E_b Bohrungsfeldspannung.
E_l Längsfeldspannung.
E_q Querfeldspannung.
E_σ Streuspannung.
$\overline{E}$ Gleichspannung.
$\tilde{E}_1$ Wechselspannung.
f Frequenz.
I Strom in einem Wicklungsstrang.
I_1 I_2 I_3 Ströme in den drei Strängen.
I'_a auf die Erregerwicklung umgerechneter Ankerstrom.
I_e Strom in der Erregerwicklung.
I_{e0} Leerlauferregung.
I_{ek} Kurzschlußerregung.
I_g Gegenerregung.
I_{g0} Höchstwert der Gegenerregung (bei $\psi_0 = 90^0$).
I_k Kurzschlußstrom.
I_{k0} Kurzschlußstrom bei Leerlauferregung.
I_m Wirksamer Magnetisierungsstrom.
I_{ml} Wirksame Längsfelderregung.
I_n Nennstrom.
I_s Schleifringstrom.
k Zahl der Stromwenderstege.
k Kurzschlußverhältnis.
k_C Carterscher Faktor.

k_g Faktor für die Gegenerregung.
k_q Faktor für die Querfelderregung.
L Länge einer Spulenseite (Ankerlänge).
L_i ideelle Ankerlänge.
L_s mittlere Länge der Stirnverbindungen.
m Zahl der Wicklungsstränge.
N Leistung (Wirkleistung).
N_i innere Leistung (Scheinleistung).
N_k Kippleistung.
n Drehzahl.
n Ordnungszahl der Oberwellen.
p Polpaarzahl.
q Nutenzahl je Pol und Strang.
R_a Widerstand der Ankerwicklung (für einen Wicklungsstrang).
t_p Polteilung.
U Klemmenspannung (für einen Wicklungsstrang).
U_0 Klemmenspannung bei Leerlauf.
U_n Nennspannung.
v Umfangsgeschwindigkeit des Polrades bzw. des magnetischen Feldes.
v_1 Umfangsgeschwindigkeit der Grundwelle des magnetischen Feldes.
v_n Umfangsgeschwindigkeit der n-ten Oberwelle des magnetischen Feldes.
w Windungszahl eines Wicklungsstranges.
w_a zwischen zwei Bürstenreihen in Reihe geschaltete Windungszahl des Gleichstromankers.
w_e Windungszahl der Erregerwicklung je Pol.
$\mathfrak{w}$ Zahl der Leiter in einer Nut.
$\mathfrak{w}$ Zahl der Windungen einer Teilspule (beim Gleichstromanker).
X_a Ankerblindwiderstand.
X_d Blindwiderstand der Drosselspule.
X_k Kurzschlußblindwiderstand.
X_q Querblindwiderstand.
X_σ Streublindwiderstand.
Z Nutenzahl.
α_1 Phasenwinkel zwischen zwei benachbarten Nutenspannungen für die Grundwelle.
α_n Phasenwinkel zwischen zwei benachbarten Nutenspannungen für die n-te Oberwelle.
α_r räumlicher Winkelabstand zweier Nuten.
α_i ideeller Polbedeckungsfaktor.
β Winkelabweichung (Zwischen U und E_1).

γ Verhältnis des bewickelten Teiles der Polteilung zur ganzen Polteilung bei Einphasenmaschinen.
γ_e Verhältnis des bewickelten Teiles der Polteilung zur ganzen Polteilung beim Läufer.
δ Luftspalt.
ε Schrittverkürzung in elektrischen Graden.
ε_s relative Streuspannung.
Θ_a Durchflutung des Ankers.
Θ_{a1} Grundwelle der Ankerdurchflutung.
Θ_{an} n-te Oberwelle der Ankerdurchflutung.
Θ_a' auf die Erregerwicklung umgerechnete Durchflutung der Ankerwicklung.
Θ_e Durchflutung der Erregerwicklung.
Θ_{e1} Grundwelle der Durchflutung der Erregerwicklung.
Θ_g auf die Erregerwicklung umgerechnete Gegendurchflutung.
Θ_{g1} Grundwelle der Gegendurchflutung.
Θ_{g0} Höchstwert der Gegendurchflutung (bei $\psi_0 = 90^0$).
Θ_m wirksame magnetisierende Durchflutung.
Θ_{m1} Grundwelle der wirksamen magnetisierenden Durchflutung.
Θ_q auf die Erregerwicklung umgerechnete Querdurchflutung.
Θ_{q1} Grundwelle der Querdurchflutung.
λ magnetischer Leitwert je cm Leiterlänge.
λ_k magnetischer Leitwert für die Zahnkopfstreuung.
λ_n magnetischer Leitwert für die Nutenstreuung.
λ_s magnetischer Leitwert für die Stirnstreuung.
λ_z magnetischer Leitwert für die Zickzackstreuung.
ν Verhältnis der Stromwärmeverluste im Umformer-Anker zu denen bei reinem Gleichstrombetrieb.
ξ Wicklungsfaktor.
ξ_1 Wicklungsfaktor für die Grundwelle.
ξ_n Wicklungsfaktor für die n-te Oberwelle.
ξ_e Wicklungsfaktor der Erregerwicklung.
ξ_s Sehnungsfaktor.
ξ_{s1} Sehnungsfaktor für die Grundwelle.
ξ_{sn} Sehnungsfaktor für die n-te Oberwelle.
$\bar{\xi}$ Faktor für Sehnung und Bürstenverschiebung bei Gleichstrom.
σ mittlerer Drehschub.
Φ Fluß eines Poles.
Φ_1 Grundwelle des Flusses.
φ Phasenverschiebung zwischen Strom und Klemmenspannung.
ψ Phasenverschiebung zwischen Strom und Hauptfeldspannung.
ψ_0 Phasenverschiebung zwischen Strom und Längsfeldspannung.

Literaturverzeichnis

1. E. Arnold und J. L. La Cour, Die synchronen Wechselstrommaschinen, Springer-Verlag, 2. Aufl. 1913.
2. R. Richter, Elektrische Maschinen, Bd. I: Allgemeine Berechnungselemente, Springer-Verlag 1924.
3. R. Richter, Elektrische Maschinen, Bd. II: Synchronmaschinen und Einankerumformer, Springer-Verlag 1930.
4. R. Richter, Ankerwicklungen für Gleich- und Wechselstrommaschinen, Springer-Verlag 1920.
5. F. Heiles, Wicklungen elektrischer Maschinen und ihre Herstellung, Springer-Verlag 1936.
6. K. Humburg, Die Gleichstrommaschine, Slg. Göschen Bd. 257 und 881, Verlag W. de Gruyter & Co. 1940.
7. REM Regeln für elektrische Maschinen, herausgegeben vom Verband Deutscher Elektrotechniker, gültige Fassung vom Dez. 1937.

Einleitung

Als „synchrone Maschinen“ bezeichnet man diejenigen Wechselstrom-Maschinen, die ein mit Gleichstrom erregtes Magnetsystem besitzen. Bei diesen Maschinen besteht ein fester Zusammenhang zwischen der Frequenz der erzeugten Wechselströme (Frequenz = Zahl der Perioden in der Sekunde) und der Drehzahl. Denn wenn ein Polrad mit p Polpaaren ($2p$ Polen) mit n Umdrehungen in der Minute umläuft, dann gehen in der Sekunde $p \cdot \frac{n}{60}$ Nordpole und ebenso viele Südpole an einem Wicklungsabschnitt des Ständers vorbei und induzieren in diesem Wicklungsabschnitt eine Spannung von der Frequenz

$$f = p \cdot \frac{n}{60}. \tag{1}$$

Bei der üblichen Frequenz $f = 50\ Hz$ muß eine synchrone Maschine mit der Drehzahl $n = \frac{3000}{p}$ laufen, also

bei $p =$	1	2	3	4	5	6	usw.
mit $n =$	3000	1500	1000	750	600	500	usw.

Arbeitet eine synchrone Maschine als Stromerzeuger für sich allein, dann kann sie natürlich mit beliebiger Drehzahl angetrieben werden und bestimmt dadurch die Frequenz der Spannung und des Stromes im gespeisten Netz. Ist aber die Frequenz des Netzes schon auf andere Weise, z. B. durch zahlreiche andere auf dasselbe Netz arbeitende Stromerzeuger festgelegt, dann ist jeder weitere Stromerzeuger an diese Frequenz gebunden; er muß „synchron“, d. h. im Gleichtakt mit dem Netz laufen. Wird eine synchrone Maschine als Motor verwendet, so läuft sie unabhängig von der Größe der Belastung immer mit derselben, nämlich eben mit dieser synchronen Drehzahl, die durch Gl. (1) festgelegt ist.

Synchrone Maschinen werden in erster Linie als Stromerzeuger verwendet. Die großen Stromerzeuger in unseren Kraftwerken sind sämtlich synchrone Maschinen. Die synchronen Maschinen werden deshalb von keiner anderen Art elektrischer Maschinen an Bedeutung übertroffen, wenn sie auch an Zahl zurückstehen hinter den asynchronen Maschinen, die als Motoren in jeder Werkstätte zu finden sind. Auch synchrone Maschinen werden gelegentlich für kleine und kleinste Leistungen gebaut (Synchron-Uhren), aber charakteristisch für diese Maschinenart sind die großen Maschinen mit Leistungen bis zu 100000 kVA.

I. Der Aufbau der synchronen Maschine

1. Allgemeines

Die meisten synchronen Maschinen, jedenfalls alle größeren, werden nicht mit feststehendem, sondern mit umlaufendem Magnetsystem gebaut (Bild 1). Sie sind also im Gegensatz zu den Gleichstrom-Maschinen im allgemeinen „Innenpol-Maschinen". Der Läufer trägt die Erregerwicklung. Auf dem feststehenden Teil, dem „Ständer" (Bild 2), befindet sich die Ankerwicklung, in der durch den Umlauf des magnetischen Feldes die Hauptspannung induziert wird.

Die Bauformen der synchronen Maschinen sind, soweit es sich um Stromerzeuger handelt, weitgehend durch die Art der Antriebsmaschine bedingt. Der Antrieb durch Dampfturbinen verlangt Maschinen mit waagerechter Welle, die bei den hohen Drehzahlen der Turbinen (heute fast durchweg 3000 U/min) keinen allzu großen Durchmesser erhalten dürfen, also bei großer Leistung mehr in die Länge gebaut werden müssen (Bild 3). Beim Antrieb durch Wasserturbinen kommen je nach der Höhe des Gefälles sehr verschiedene Drehzahlen und damit sehr verschiedene Bauformen in Betracht. Bei hohem Gefälle können die Turbinen und mit ihnen die Stromerzeuger sowohl mit waagerechter wie mit senkrechter Welle gebaut werden; die waagerechte Welle ist häufiger. Die Drehzahlen betragen bei großen Leistungen meist 300 bis

500 U/min, bei kleinen Leistungen natürlich auch mehr. Bei kleinem Gefälle dagegen baut man Turbinen und Stromerzeuger, insbesondere bei großen Leistungen, fast stets mit senkrechter Welle (Bild 4). Die Drehzahlen gehen von etwa 50 U/min bis 250 U/min; bei kleinen Leistungen kommen auch

Bild 1. Läufer einer synchronen Maschine

hier höhere Drehzahlen vor. Als dritte Art von Antriebsmaschinen kommen Kolben-Kraftmaschinen, insbesondere Dieselmotoren, in Betracht, die wieder durchweg mit waagerechter Welle gebaut werden. Der Antrieb durch solche Maschinen bedingt die Verwendung eines Schwungrades, weil synchrone Maschinen für die Drehmoment-Schwankungen der Kolben-Kraftmaschinen sehr empfindlich sind. Das Schwungrad kann seitlich an das Polrad angebaut sein (Bild 5). Doch kann auch der Radkranz des Polrades selbst als Schwungrad ausgebildet, d. h. mit entsprechend großem Querschnitt ausgeführt werden. In diesem Fall kann man sogar zur Vergrößerung des Schwungmomentes (bzw. zur Gewichtsersparnis

Bild 2. Ständer eines Drehstrom-Erzeugers

bei vorgeschriebenen Schwungmoment) den feststehenden Teil des Stromerzeugers innen und das Schwungrad mit den nach innen angesetzten Polen außerhalb des feststehenden Teiles anordnen. Auch Synchron-Motoren, die zum Antrieb von Kolbenmaschinen (z. B. Luftverdichtern) bestimmt sind, werden in derselben Weise als Schwungrad-Maschinen gebaut.

2. Der Läufer

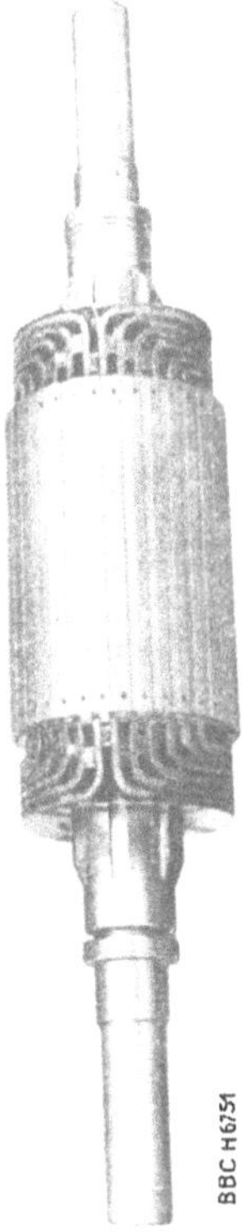

Bild 3. Läufer eines Turbogenerators, ohne Wicklungskappen

Die Bauart des Läufers ist bei langsam laufenden synchronen Maschinen (Bild 1 und 5) ganz anders als bei rasch laufenden (Bild 3). Dabei kommt es nicht auf die Drehzahl an, sondern auf die Umfangsgeschwindigkeit; denn diese ist im wesentlichen maßgebend für die mechanische Beanspruchung durch die Fliehkraft. Eine Maschine mit 3000 U/min kann, wenn es eine kleine Maschine ist, eine mäßige, ja kleine Umfangsgeschwindigkeit aufweisen; läuft aber eine große Maschine mit dieser Drehzahl, dann ergibt sich eine sehr hohe Umfangsgeschwindigkeit. Trotzdem sind die größten Umfangsgeschwindigkeiten (80 bis 160 m/s) praktisch immer auch an die höchsten Drehzahlen gebunden; sie kommen nur bei Turbogeneratoren vor. Stromerzeuger in Wasserkraftanlagen laufen häufig mit Umfangsgeschwindigkeiten von 40 bis 80 m/s, doch kommen bei kleineren Maschinen dieser Art auch Umfangsgeschwindigkeiten von 20 bis 40 m/s in Betracht. Stromerzeuger mit Antrieb durch Kolbenkraft-Maschinen haben meist Umfangsgeschwindigkeiten von 20 bis 40 m/s.

Läufer für Umfangsgeschwindigkeiten bis hinauf zu 80 m/s werden als „Polräder" gebaut, d. h. so, daß die einzelnen Pole an einem Radkranz befestigt und mit je einer Erregerspule versehen sind (Bild 1 und 5). Wir nennen solche Läufer „Einzelpol-Läufer" oder „Schenkelpol-Läufer", auch „Läufer mit ausgeprägten Polen".

Läufer für Turbogeneratoren, also für Umfangsgeschwindigkeiten von mehr als 80 m/s, werden dagegen nach Bild 3 ohne ausgeprägte Pole gebaut. Wir nennen solche Läufer „Walzenläufer", „Zylinderläufer" oder „Vollpol-Läufer".

Bild 4. Drehstromerzeuger mit senkrechter Welle auf dem Prüfstand

Bei **Schenkelpol-Läufern** für kleine und mittlere Umfangsgeschwindigkeiten bis hinauf zu 40 oder 45 m/s werden die Pole mit Schrauben am Radkranz befestigt (Bild 6 u. 7). Nur selten sind die Pole feste Ansätze am Radkranz. Dann müssen die Polschuhe von außen angeschraubt werden, damit man die Wicklung aufbringen kann.

Bei Schenkelpol-Läufern mit größeren Umfangsgeschwindigkeiten (30 bis 80 m/s) werden die Pole mit Schwalbenschwänzen (Bild 8 und 9) oder Hammerköpfen (Bild 10) am Radkranz befestigt. Solche Pole müssen durch Keile so festgezogen werden, daß sie auch bei Stillstand der Maschine nicht

Bild 5. Läufer und Schwungrad eines Synchronmotors zum Antrieb eines Kolbenverdichters

locker werden. Bei Lauf sorgt die Fliehkraft für festes Anliegen der Pole. Die beim Festkeilen entstehenden Spielräume sind in Bild 8 übertrieben groß dargestellt; sie dürfen den Übergang des magnetischen Flusses vom Pol auf den Radkranz nicht wesentlich behindern. Sehr breite Pole benötigen mehrere Schwalbenschwänze oder Hammerköpfe (Bild 10). Dabei muß für gleichmäßiges Tragen aller Befestigungselemente gesorgt werden.

Die Pole können massiv aus Dynamostahl angefertigt

(Bild 6 und 8) oder aus Dynamostahlblechen aufgebaut werden (Bild 7 und 9). Werden geblechte Pole angeschraubt, so muß in ihnen ein Stahlbalken angeordnet werden, in den das

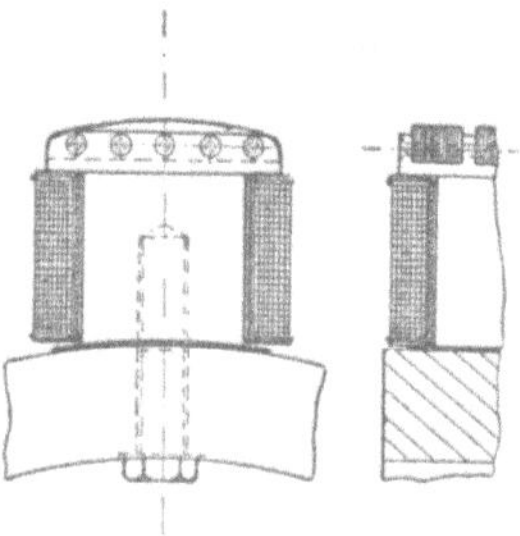

Bild 6. Angeschraubter Pol mit geblechtem Polschuh

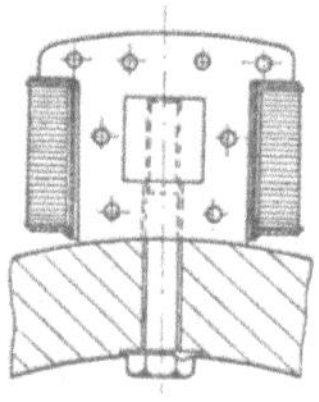

Bild 7. Geblechter Pol, angeschraubt

Gewinde eingeschnitten wird (Bild 7). Gewinde im Blechpaket, wie bei den ruhenden Polen der Gleichstrom-Maschinen, genügt nicht.

Bei massiven Polen werden meist wenigstens die **Polschuhe** aus Blechen aufgebaut. Man vermeidet dadurch Wirbelstromverluste in den Polschuhen, die sog. Oberflächenverluste. Die Blechpakete können in Nuten des Polkopfes eingesetzt und mit durchgesteckten Bolzen befestigt werden (Bild 6). Zwischen den Blechpaketen bleibt dann eine Anzahl massiver Stege, die man etwas zurückstehen läßt und am besten gegenüber den Lüftungsschlitzen des Ständers anordnet. Die Blechpakete können auch durch Schwalbenschwänze am Polkopf befestigt werden (Bild 8). Man erhält dann eine glatte Polfläche.

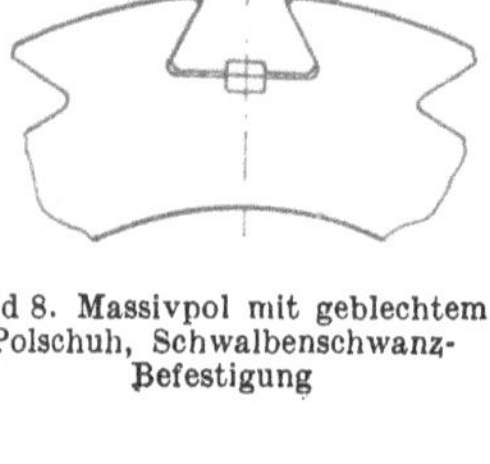

Bild 8. Massivpol mit geblechtem Polschuh, Schwalbenschwanz-Befestigung

Die **Wicklung** wird bei großen

Maschinen oft aus blankem Bandkupfer hochkant gewickelt (Bild 7), bei kleinen dagegen aus isoliertem Draht hergestellt (Bild 6). Der Spulenkasten wird meist geschweißt.

Vollpol-Läufer werden nur bei den Turbogeneratoren mit ihren hohen Umfangsgeschwindigkeiten verwendet. Sie be-

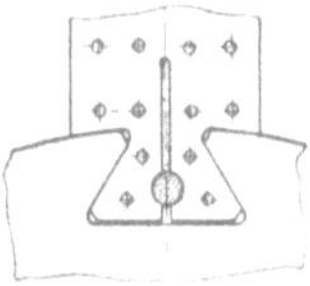

Bild 9. Geblechter Pol mit Schwalbenschwanz-Befestigung

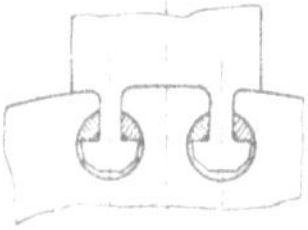

Bild 10. Doppel-Hammerkopf-Befestigung

stehen bei den zweipoligen Stromerzeugern für 3000 U/min meist aus einer massiven Walze (Bild 11, Walzenläufer), die aus besonders hochwertigem vergütetem Stahl (meist Chrom-Nickel-Stahl oder Chrom-Molybdän-Stahl) hergestellt wird. Die durch Fliehkraft bedingte mechanische Beanspruchung ist bei diesen Läufern so hoch, daß auf gleichmäßige Be-

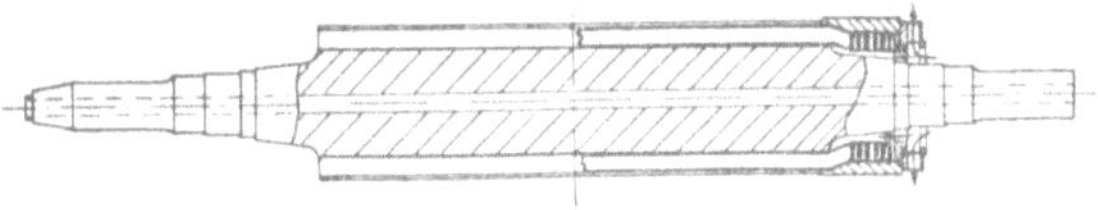

Bild 11. Walzenläufer

schaffenheit des Werkstoffes in dem ganzen dicken Schmiedestück besonderer Wert gelegt werden muß. Um dies nachprüfen zu können, erhalten die Läufer eine Bohrung, aus der Probestäbe zur Prüfung der Festigkeit des Werkstoffes entnommen werden.

Eine andere Bauart des Läufers für zweipolige Stromerzeuger (Parallelnut-Läufer) zeigt Bild 12. Hier sind die Nuten nicht radial, sondern parallel zueinander eingefräst, und die Erregerspulen werden geradlinig an der Stirnseite des Läufers entlang geführt. Sie gehen also durch den Raum, der bei einem

Walzenläufer von der Welle eingenommen wird. Deshalb muß hier die Welle durch zwei angeschraubte Wellenstummel ersetzt werden. Diese müssen durch Zwischenlagen aus unmagnetischem Stahl vom eigentlichen Läuferballen getrennt werden, weil sie sonst die Erregerwicklung magnetisch kurzschließen würden. Diese Bauart hat den Vorteil, daß die Läufer-

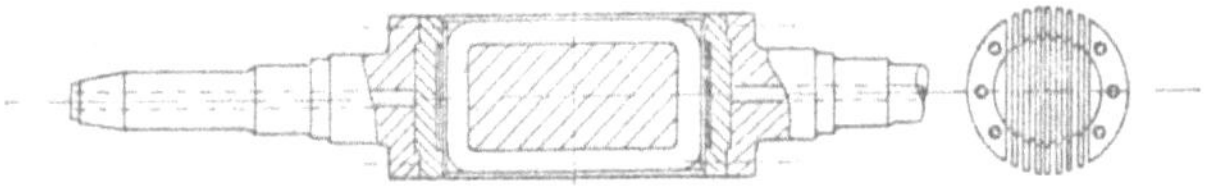

Bild 12. Parallelnutläufer

wicklung besonders sicher gelagert ist und daß keine Bandagen oder Kappen (s. S. 20) notwendig werden.

Bei mehrpoligen Turbogeneratoren, die heute nur selten gebaut werden, verwendet man die in Bild 13 und 14 dargestellten Bauarten. Bei dem Plattenläufer (Bild 13) sind einzelne Stahlplatten nebeneinander auf die Welle gesetzt. Beim Hohltrommel-Läufer (Bild 14) fehlt die durchgehende Welle; es

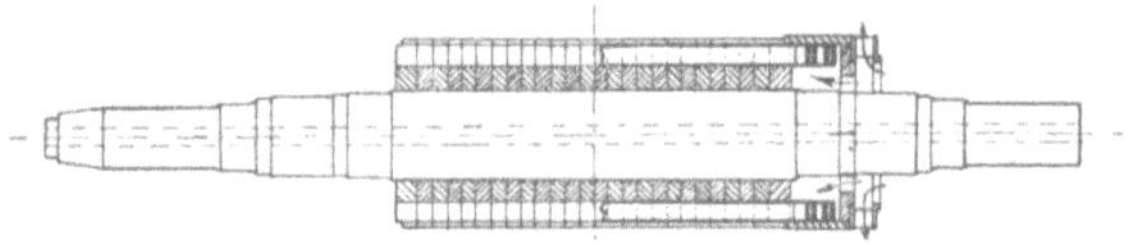

Bild 13. Plattenläufer

werden nur Wellenstummel beiderseits an die Hohltrommel angeschraubt.

Die N u t e n, welche die Erregerwicklung aufnehmen, werden im allgemeinen in die Läuferwalze eingefräst. Es ist aber auch möglich, die Nuten dadurch herzustellen, daß besondere Zähne in schwalbenschwanzförmige Nuten des Läuferballens eingesetzt werden (Bild 15). Diese Bauart hat den Vorteil, daß der Durchmesser des massiven Läuferballens wesentlich kleiner wird. Dadurch wird die Herstellung dieses schwierigen Schmiedestückes erleichtert. Die eingesetzten Zähne können entweder ebenso wie der Läuferkörper aus Chrom-Nickel-Stahl oder Chrom-Molybdän-Stahl hergestellt oder aus Dynamostahlblech aufgebaut werden. Sie erhalten meist Lüftungsöffnungen (Bild 15a u. b).

Wenn die Nuten gleichmäßig über den ganzen Läuferumfang verteilt sind, wie das jedenfalls bei der Bauart mit

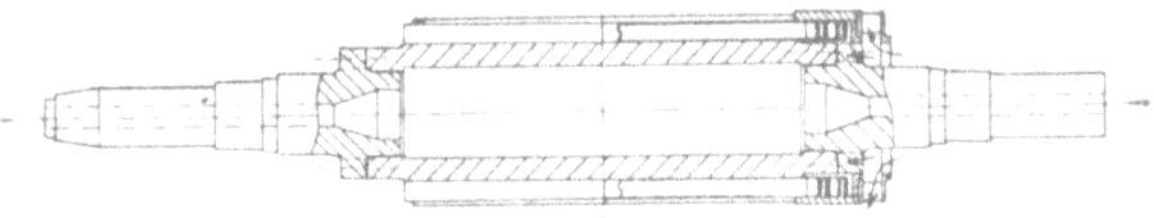

Bild 14. Hohltrommelläufer

eingesetzten Zähnen der Fall ist, dann werden sie nur zu $^2/_3$ bis $^3/_4$ bewickelt. Dadurch entsteht ein trapezförmig verteiltes Magnetfeld, welches der angestrebten Sinusform nahe kommt. Werden die Nuten ausgefräst, so kann man sie in dem unbewickelten Bogen (Polbogen) auch ganz weglassen. Doch geschieht dies nicht immer; die Rücksicht auf die Form des magnetischen Feldes zwingt oft dazu, auch im Polbogen Nuten auszufräsen, die aber weniger tief sein können.

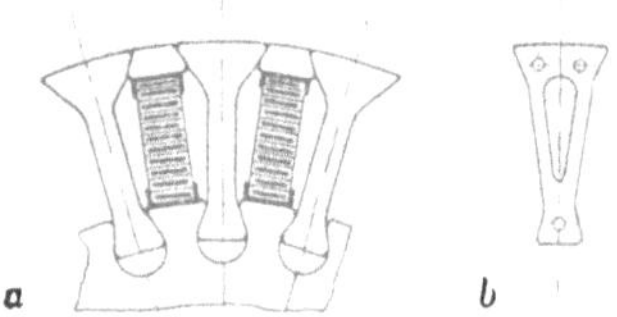

Bild 15.
Zwei Formen von eingesetzten Zähnen

Die Erregerwicklung besteht aus Spulen, die meist aus Flachkupfer-Band so gewickelt werden, daß jeder Leiter die ganze Breite der Nut ausfüllt (Bild 15). Als Isolierung dient meist Glimmerpapier oder auch asbesthaltige Kunststoffe, welche eine höhere Erwärmung der hochbeanspruchten Läuferwicklung gestatten.

Die Wicklung wird innerhalb der Nuten durch Keile gehalten. Die Keile sind auch bei den unbewickelten Nuten notwendig, um die Zähne gegeneinander abzustützen. Sie werden hier, also im Polbogen, oft aus Stahl hergestellt, wodurch die

Nutenoberwellen (S. 43) vermindert werden. Dagegen verwendet man für die bewickelten Nuten stets, und oft auch für die unbewickelten Nuten, Keile, die ganz oder teilweise aus Bronze bestehen. Diese Bronzekeile dienen gleichzeitig als Dämpferstäbe (S. 52).

Außerhalb der Nuten wird die Wicklung durch Kappen (Bild 16) oder Bandagen (Bild 17) gehalten, welche gleichzeitig die Verbindung der Nutenkeile zu einer Dämpferwicklung bewirken. Für die Kappen wird unmagnetischer Stahl

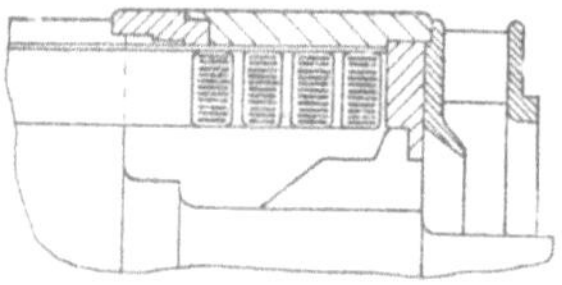

Bild 16. Läuferwicklungskappe

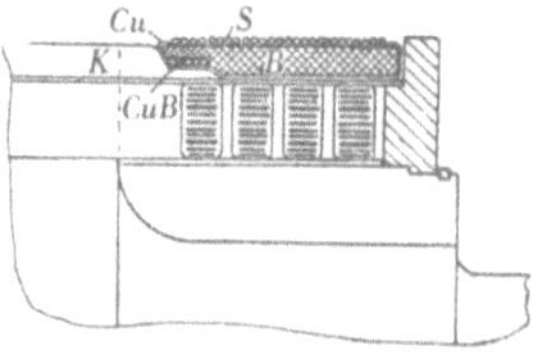

Bild 17. Läuferwicklungsbandage

(Nickelstahl oder Manganstahl) verwendet, der eine außerordentlich hohe Festigkeit hat. Früher war auch die Verwendung von Bronze üblich. Der für Bandagen verwendete Werkstoff (Bandagendraht) hat durch die Kaltverformung (das Ziehen) eine noch höhere Festigkeit erhalten, wenn auch bei stark herabgesetzter Dehnbarkeit. Aber seine hohe Festigkeit kann wegen nicht ganz gleichmäßiger Belastung der einzelnen Lagen nicht voll ausgenützt werden. Kappen haben den Bandagen gegenüber den Vorteil, daß sie durch ihre Steifigkeit die Wicklung in eindeutig bestimmter Lage halten. Die Wicklung kann deshalb innen frei von Luft bespült werden und braucht nirgends aufzuliegen. Bei Bandagen muß die Wicklung gegen einen Sitz gepreßt werden, damit sie nicht verlagern kann. Solche Verlagerungen würden Fehler in der Gewichtsverteilung und dadurch Vibrationen hervorrufen. Da aber bei großen Maschinen erhebliche Wärmeausdehnungen vorkommen, so muß der Sitz der Wicklung mit Hilfe von Schlitten gleitend gestaltet werden. Bei Kurzschlüssen bieten die Kappen eine größere Sicherheit, weil sie die großen Ströme, die bei Kurzschluß in der Dämpferwicklung entstehen, fast widerstandslos bis zum Kappenende führen. Sie versagen auch nicht im Fall eines durch Wicklungsschluß entstandenen Lichtbogens an der Ständerwicklung, während Bandagen in einem solchen Fall leicht aufgelötet werden, wodurch dann noch viel größere Zerstörungen angerichtet werden als durch den Lichtbogen. Dagegen sind Bandagen billiger als Kappen. Deshalb werden auch Bandagen ausgeführt, die durch aufgeschrumpfte Kappen geschützt sind. Dadurch werden die Vorteile der Kappen mit denen der Bandagen teilweise vereinigt.

Die Zuführung des Stromes zur Erregerwicklung geschieht durch zwei Schleifringe, die neben dem Polrad auf der Welle angeordnet werden. Die beiden Schleifringe können unmittelbar nebeneinandersitzen, bei großen Wasserkraftmaschinen mit senkrechter Welle auf der besser zugänglichen Seite der Maschine, also meist oben. Sie können auch auf beideSeiten des Läufers verteilt werden (vielfach bei Turbogeneratoren).

Die Schleifringe werden aus Kupfer, Bronze oder Stahl hergestellt. Die Bürsten bestehen aus sog. Bronzekohlen, die aus einem Gemisch von Metallpulver und Graphit gepreßt werden. Solche Bürsten haben eine sehr kleine Übergangsspannung und auch eine kleine Reibungsziffer[1]).

Zur Erzeugung des Erregerstromes dient fast stets eine besondere Erregermaschine, die mit der Hauptmaschine gekuppelt oder auf das freie Wellenende der Hauptmaschine aufgesetzt wird. Der feststehende Teil der Erregermaschine wird bei kleinen Maschinen manchmal in den Lagerschild der Hauptmaschine eingebaut, bei großen Maschinen mit senkrechter Welle auf den oberen Tragstern der Maschine aufgesetzt, bei großen Maschinen mit horizontaler Welle außerhalb des Hauptmaschinenlagers auf die gemeinsame Grundplatte gesetzt.

3. Der Ständer

Durch das umlaufende Polrad wird das Ständereisen im Takte des zu erzeugenden Stromes ummagnetisiert. Der Stän-

[1]) Lit.-Verz. Nr. 6, Bd. II, S. 35.

der-Eisenkörper muß deshalb aus Blechen aufgebaut sein. Verwendet wird meist 0,5 mm starkes, einseitig mit dünnem Papier beklebtes Dynamoblech. Das Blechpaket wird durch Lüftungsschlitze unterteilt, auf beiden Seiten durch starke

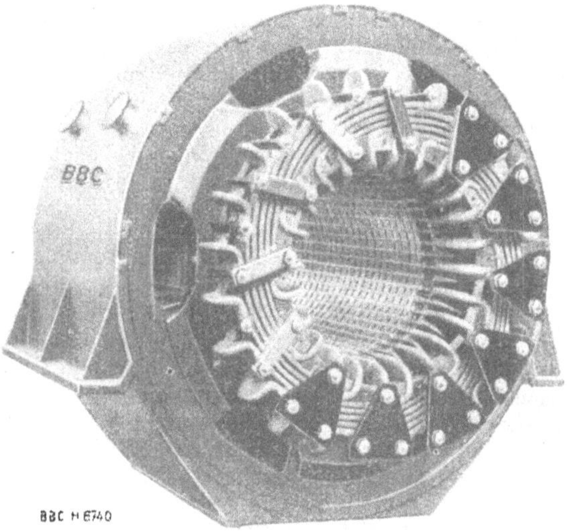

Bild 18. Ständer eines Turbogenerators

Preßplatten zusammengehalten und in ein Gehäuse eingebaut (Bild 18 und 19).

Das Gehäuse ist entweder ein einziges Gußstück oder bei größeren Maschinen aus mehreren Gußstücken zusammengeschraubt, oder es wird durch Schweißen aus Walzstahl (Kesselblech) hergestellt (Bild 2 und Bild 18). Seine Gestaltung ist vor allem durch die Art der Lüftung bedingt.

Bei Einzelpol-Maschinen wirken die Pole selbst als Lüfterflügel. Die Wirkung wird verstärkt durch beidseitig angebaute Lüfter (Bild 19). Die Warmluft sammelt sich in dem kastenförmigen Ring-Raum des Gehäuses am Ständerrücken und wird meist nach unten abgeführt. Die Luft strömt radial von innen nach außen durch das Ständerblechpaket. Man spricht deshalb hier von einer „innen beaufschlagten Radialbelüftung".

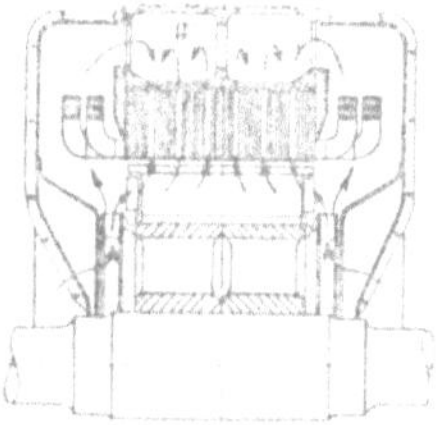

Bild 19. Schenkelpol-Maschine, geschützte Bauart, Luftführung

Bei Turbogeneratoren wird diese Lüftungsart nur bei kleineren und mittleren Leistungen angewendet. Bei ganz großen Leistungen, also bei großer Länge des Läufers, muß die Kühlluft ganz oder teilweise von außen an den Ständer herangeführt werden („außen beaufschlagte Radialbelüftung"). Dabei wird die Ständerrückenfläche entweder der Länge nach (Bild 20) oder dem Umfang nach (Bild 21) in einzelne Streifen zerlegt, die abwechselnd mit dem Kaltluftraum *K* und dem Warmluftraum *W* in Verbindung stehen.

Nur bei kleineren Maschinen wird die Kühlluft unmittelbar aus dem Aufstellungsraum der Maschine angesaugt. Bei grö-

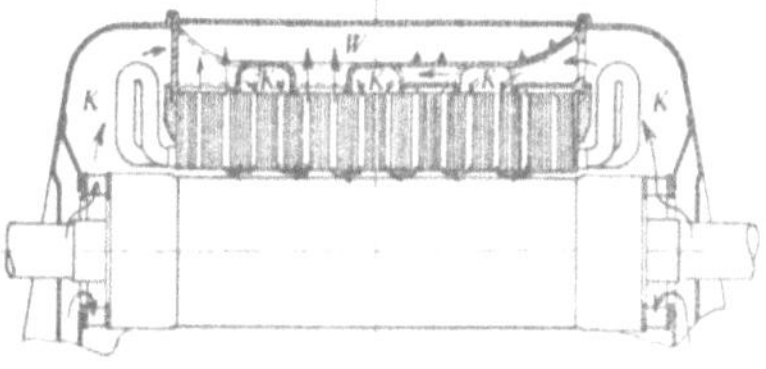

Bild 20. Turbogenerator mit Radialbelüftung. Luftzuführung von außen. Umleitung durch den Luftspalt

ßeren Maschinen wird sie entweder zunächst durch ein Filter vom Staub befreit oder es wird die Warmluft aus der Maschine in einen Kühler und von dort in die Maschine zurückgeführt. Bei dieser letzteren Anordnung ist die Gefahr der Verstaubung der Luftkanäle am geringsten, weil immer dieselbe Luft in der Maschine umläuft (Umlauf-Kühlung). Das ist bei großen Maschinen von entscheidender Bedeutung; denn die zur Kühlung erforderlichen Luftmengen sind außerordentlich groß, für eine 100000 kVA-Maschine werden 60 m³/s angegeben. Zur Bewegung dieser Luftmengen sind Lüfter, die in die Maschine selbst eingebaut sind, nicht mehr ausreichend. Es werden deshalb besondere außerhalb der Maschine aufgestellte Lüfter verwendet (Fremdlüftung).

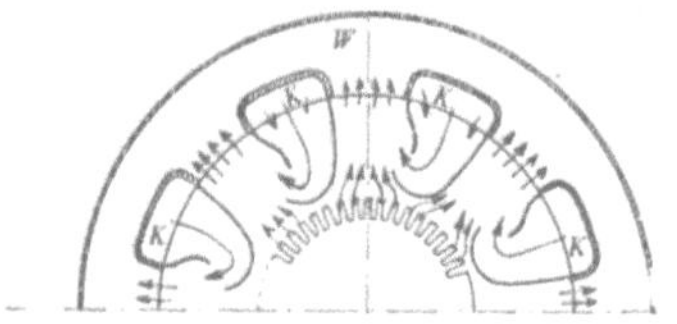

Bild 21. Turbogenerator mit Radialbelüftung. Luftzuführung von innen und außen. Umleitung durch Stege in den Lüftungsschlitzen

4. Die Ständer-Wicklung

Der Ständer einer synchronen Maschine trägt eine einphasige oder mehrphasige, meist dreiphasige, Wechselstrom-Wicklung. Diese Wicklung wird in Nuten des Ständer-Blechpaketes untergebracht. Je nach dem erforderlichen Leiterquerschnitt, also nach der Stromstärke, wird sie aus Drähten (auch Flachdrähten größeren Querschnitts) oder Stäben hergestellt. Bei den Drahtwicklungen liegen stets mehrere Leiter in einer Nut; die Wicklung besteht deshalb aus Spulen.

Es werden ganz überwiegend offene Nuten mit Keilverschluß verwendet, weil es im Gegensatz zu den asynchronen Maschinen hier nicht darauf ankommt, den Magnetisierungsstrom möglichst klein zu halten. Die offenen Nuten erleichtern die Herstellung der Wicklung; denn bei offenen Nuten können die Spulen außerhalb der Maschine gewickelt und isoliert und dann als Ganzes eingelegt werden („Formspulen", Bild 22). Die Isolation der Spulenseiten (der in die Nuten einzulegenden geraden Teile der Spulen) besteht meist aus mehreren, u. U. vielen Lagen von Glimmerpapier (Mikafolium). Jede einzelne Lage wird beim Aufwickeln auf die Spulenseite erwärmt und angepreßt. Dabei wird das Bindemittel (meist Schellack oder auch Bakelitlack oder Asphaltpräparate) flüssig und die einzelnen Lagen werden gut zusammengeklebt. Diese Spulenisolation muß an den Stirnseiten genügend weit, der Maschinenspannung entsprechend, über den Rand der Nuten hervorstehen, damit keine zu kurzen „Kriechwege“ entstehen. Auch die Stärke der Spulenisolation richtet sich nach der Spannung. Sie beträgt z. B. bei der vielfach üblichen Maschinenspannung von 6000 V etwa 2 bis 2,5 mm einseitig. Die einzelnen Leiter (Runddrähte, Flachdrähte oder

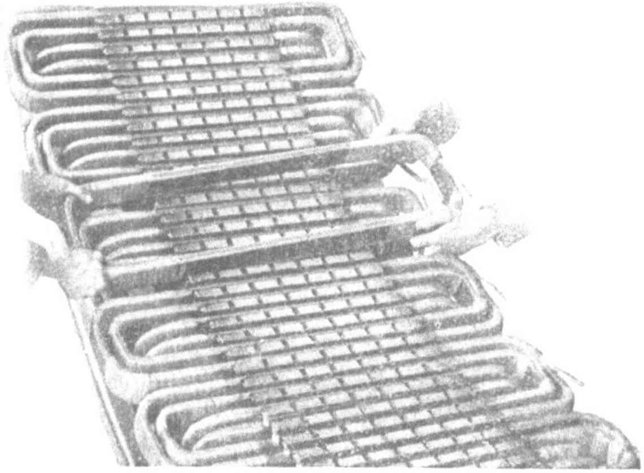

Bild 22. Einlegen von Formspulen in offene Nuten

flach gepreßte Litzen) werden meist mit Baumwollfäden umsponnen oder umklöppelt. Neuerdings wird auch eine Asbestisolation verwendet. Die fertigen Spulen werden vor dem Aufbringen der Spulenisolation mit einer Füllmasse (Asphalt-Teer-Mischung) getränkt, welche alle Hohlräume zwischen den isolierten Leitern ausfüllt. Insbesondere bei größeren Maschinen für hohe Spannungen wird diese Formspulenwicklung mit aufgebügelter Spulenisolation fast durchweg angewendet.

Bei noch größeren Maschinen oder bei mäßigen Spannungen sind die Stromstärken so groß, daß man Stabwicklung (mit einem oder zwei Stäben je Nut) ausführen muß. Die Stäbe werden in derselben Weise isoliert, wie die Spulenseiten der Formspulen. Sie werden aber meist durch besondere Verbindungsstücke in der Form von Bügeln (Bild 23) oder Gabeln (Bild 24) miteinander verbunden (verschraubt oder vernietet und verlötet).

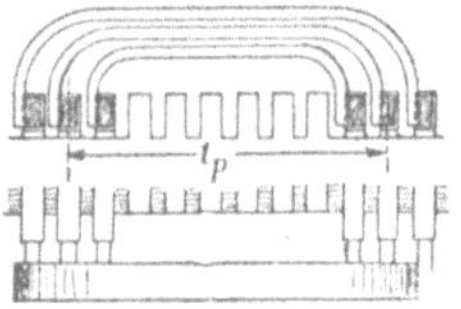

Bild 23. Bügelverbindungen

Bei kleineren und mittelgroßen Maschinen wird manchmal auch noch die früher häufigere „Durchzieherwicklung" (eingefädelte Wicklung) verwendet. Dies gilt vor allem für Maschinen mit halbgeschlossenen Nuten, in welche geschlossene Nutenhülsen eingesteckt werden.

Nur bei kleineren Maschinen für niedrigere Spannungen wird die Ständerwicklung gelegentlich auch ebenso wie bei asynchronen Maschinen ähnlicher Größe dadurch hergestellt, daß die einzelnen Drähte einer Spule durch den Nutenschlitz eingeträufelt werden („Träufelwicklung"). In diesem Fall tritt an die Stelle der geschlossenen Nutenhülse eine offene

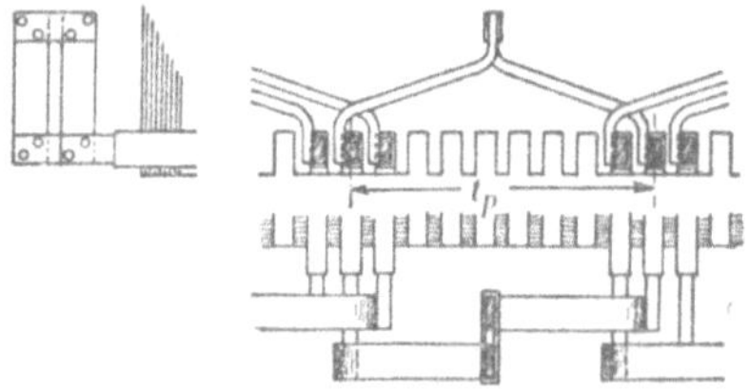

Bild 24. Gabelverbindungen

Nutenisolation, die nach dem Einlegen der Drähte unter dem Nutenkeil zusammengeklappt wird.

Wicklungsköpfe. Die außerhalb der Nuten liegenden Spulenteile (Spulenköpfe oder Stirnverbindungen) können schwächer isoliert werden als die Spulenseiten; meist werden sie nur mit Lackband umwickelt. Ihre Form zeigt Bild 25. Die Spulenköpfe oder Stabverbindungen, die man in ihrer Gesamtheit als die „Wicklungsköpfe" bezeichnet, liegen hiernach entweder auf einem Zylindermantel (Bild 25a) oder in einer Stirnebene (Bild 25b) oder auf einem Kegelmantel (Bild 25c). Meist sind mehrere solche Flächen notwendig. Man spricht dann von Wicklungen mit mehreren „Wickelkopfebenen", auch wenn es sich nicht um wirkliche Ebenen, sondern um Zylinder- und Kegelflächen handelt. Oft müssen die einzelnen Spulenköpfe aus einer Wickelkopfebene in die andere über-

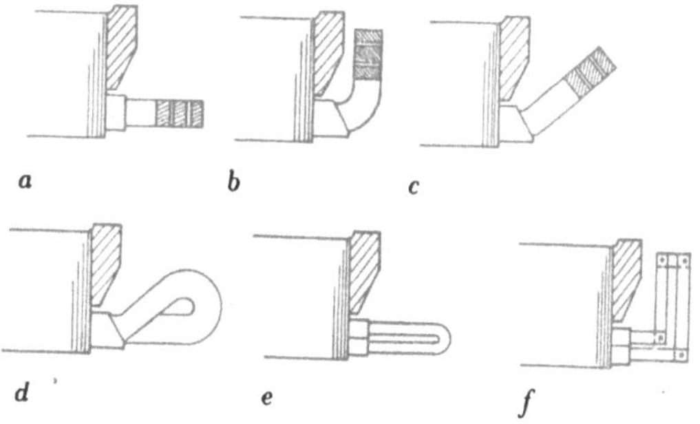

Bild 25. Formen der Wicklungsköpfe

gehen (Bild 25d bis f). Die Bilder 25a, b, c, d zeigen Einschichtwicklungen, d. h. Wicklungen, bei denen in jeder Nut nur eine Spulenseite oder ein Stab liegt, die Bilder 25e und f dagegen Zweischichtwicklungen mit zwei Spulenseiten oder zwei Stäben in jeder Nut.

Befestigung der Wicklungsköpfe. Bei größeren Maschinen müssen die Wicklungsköpfe gegen die Stromkräfte gesichert werden. Diese Kräfte sind bei betriebsmäßiger Belastung gering; aber bei den nie ganz zu vermeidenden Kurzschlüssen steigt der Strom bis auf das 15fache des Nennstromes und die Stromkraft, die mit dem Quadrat des Stromes wächst, bis auf das 225fache. Die Kurzschlußkräfte suchen die Biegungen der Spulen gerade zu strecken und die entgegengesetzt durchströmten Leiter voneinander zu entfernen. Die Spulenköpfe werden deshalb durch starke Stehbolzen, die in den Preßplatten des Ständerblechpaketes befestigt werden, und durch Laschen, welche die Köpfe dieser Stehbolzen miteinander verbinden, in ihrer Lage unverrückbar festgehalten (Bild 18 u. 26).

Bild 26. Einschichtige Stabwicklung mit Evolventenverbindungen. Befestigung der Wicklungsköpfe

Kunststäbe. Bei Maschinen für große Leistungen wird die Stromstärke und mit ihr der Leiterquerschnitt so groß, daß das Nutenstreufeld (s. S. 63) erhebliche Wirbelströme innerhalb der Leiter induzieren und dadurch beträchtliche zusätzliche Verluste hervorrufen würde, wenn man massive Stäbe verwendete. In solchen Fällen geht man zu den sog. Kunststäben über, die aus vielen Einzelleitern zusammengesetzt sind. Die Einzelleiter müssen innerhalb einer Nut ihre gegenseitige Lage wechseln, so daß in allen Leitern dieselbe Spannung induziert wird. Am vollkommensten sind die Kunststäbe, bei denen jeder Einzelleiter vom Anfang bis zum Ende einer Nut alle möglichen Lagen innerhalb der Nutentiefe durchläuft, wie z. B. der in Bild 27 dargestellte Roebel-Stab.

Bild 27. Roebelstab

II. Die Theorie der synchronen Maschine

1. Das Wicklungsschema

Die Wechselstromwicklungen zeigen eine viel größere Mannigfaltigkeit der Schaltungen als die Gleichstromwicklungen[1]). Dies ist vor allem dadurch bedingt, daß mit dem Stromwender auch die Notwendigkeit vieler untereinander möglichst gleicher Wicklungselemente fortfällt. Man kann also neben den bei Gleichstrom üblichen Wicklungen mit lauter gleichen Wicklungsschritten auch Wicklungen mit ungleichen Wicklungsschritten ausführen.

Durch die Notwendigkeit der gleichen Wicklungsschritte müssen bei Gleichstrom die Spulenkopf-Formen nach Bild 25a bis c ausscheiden. Denn wenn mehrere Spulen in einer Wickelkopfebene liegen sollen, wie bei Bild 28, 29, 30, so können Kreuzungen innerhalb dieser Wickelkopfebene nur vermieden wer-

---

[1]) Lit.-Verz. Nr. 6, Bd. I, S. 34.

den, wenn die Spulen in Gruppen angeordnet werden, innerhalb welcher die einzelnen Spulen verschiedene Wicklungsschritte (verschiedene Weite) haben. Will man oder muß man lauter Spulen mit gleicher Weite ausführen, so muß jede einzelne Spule aus einer Wickelkopfebene in eine andere übergehen (Bild 25d bis f).

Dazu kommt noch, daß die Gleichstromwicklungen stets auf dem Innenanker (Läufer) liegen und daß man in diesem Fall die Spulenköpfe nur nach innen abbiegen könnte, wo weniger Platz zur Verfügung steht. Bei Ständerwicklungen dagegen kann man die Spulenköpfe nach außen abbiegen, wo mehr Platz ist. Aus diesem Grunde scheidet auch die Spulenkopfform nach Bild 25f für Gleichstromwicklungen aus.

Einschichtwicklungen nach Bild 25d sind wenigstens für große Gleichstrommaschinen unvorteilhaft. Gebräuchlich ist deshalb für Gleichstromwicklungen nur die Form der Wickelköpfe nach Bild 25e, während bei Wechselstromwicklungen alle in Bild 25 gezeigten Formen angewendet werden.

Zur schematischen Darstellung der Wicklung denkt man sich den Ankerumfang zu einer Geraden aufgebogen. Man betrachtet die Wicklung entweder in axialer Richtung, wobei man die Verbindungen etwa in der Form von Bild 25d oder f annimmt, auch wenn sie in Wirklichkeit eine andere Form haben, oder man betrachtet sie in radialer Richtung, wobei man Verbindungen nach Bild 25a oder e annimmt.

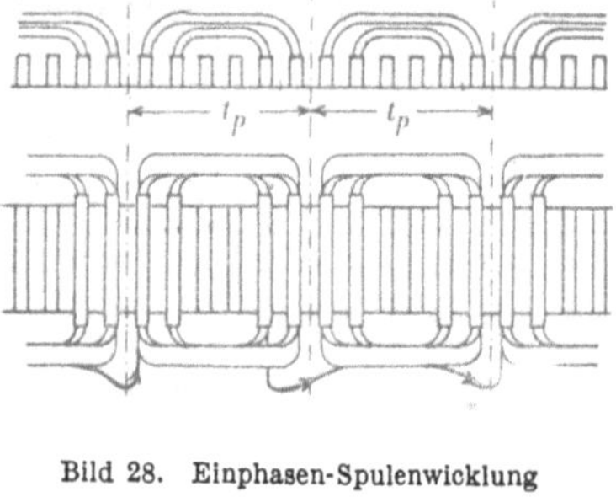

Bild 28. Einphasen-Spulenwicklung

a) Wicklungen mit ungleichen Wicklungsschritten (stets Einschicht-Wicklungen)

Spulenwicklungen mit Spulen ungleicher Weite werden für Einphasenstrom mit zwei Spulengruppen je Polpaar ausgeführt (Bild 28), weil dabei die Verbindungen kürzer werden als bei nur einer Gruppe je Polpaar. Dreiphasenwicklungen dagegen können zwar ebenfalls mit zwei Spulengruppen je Polpaar und Wicklungsstrang ausgeführt werden (Bild 29);

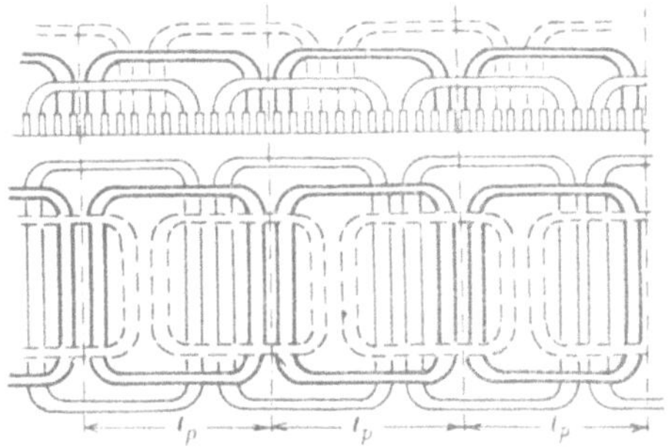

Bild 29. Drei-Etagen-Wicklung

sie benötigen dann aber drei Wickelkopfebenen, für jeden Wicklungstrang eine. Man nennt eine solche Wicklung auch Drei-Etagen-Wicklung. Werden Dreiphasenwicklungen mit nur einer Spulengruppe je Polpaar und Wicklungsstrang ausgeführt (Bild 30), so benötigen sie nur zwei Wickelkopfebenen (Zwei-Etagen-Wicklung). Dabei werden die Verbindungen zwar in der Umfangsrichtung länger und nehmen auch in radialer Richtung mehr Platz ein, aber die axiale Ausladung

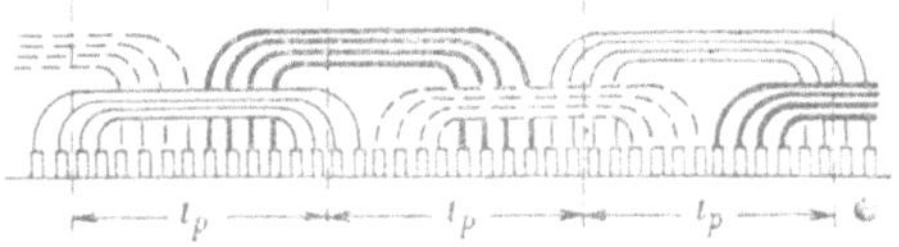

Bild 30. Zwei-Etagen-Wicklung

der Wicklung wird kürzer; der verfügbare Wicklungsraum wird damit meist besser ausgenützt. Bei einer Zwei-Etagen-Wicklung liegen die Spulen eines Wicklungsstranges abwechselnd in der einen und in der anderen Wickelkopfebene. Dies ist nur bei gerader Polpaarzahl in regelmäßiger Weise möglich. Ist die Polpaarzahl ungerade, so entsteht eine gekröpfte Spulengruppe (Bild 31). Insbesondere bei zweipoligen Maschinen (Polpaarzahl $p = 1$) kommt die Spulenwicklung mit nur einer Spulengruppe je Polpaar und Strang nicht in Betracht; hier werden nur Drei-Etagen-Wicklungen ausgeführt. Für geteilte Ständer sind Wicklungen notwendig, bei denen die Teilfuge

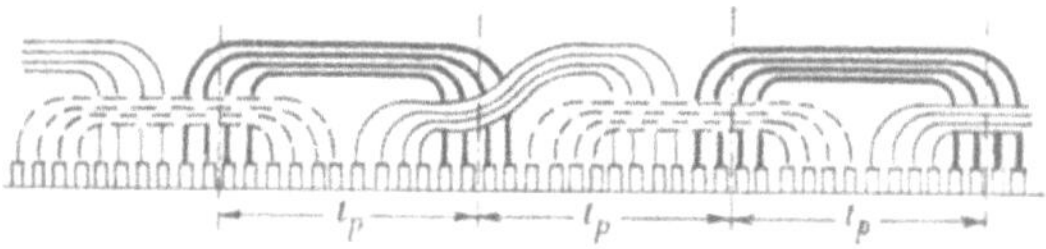

Bild. 31. Zwei-Etagen-Wicklung mit gekröpfter Spulengruppe

von keiner Spule überdeckt wird. In diesem Fall braucht man drei Wickelkopfebenen und es dürfen trotzdem höchstens in einem Wicklungsstrang zwei Spulengruppen je Polpaar verwendet werden (Bild 32). Häufig zieht man es vor, statt dessen die Spulen, die die Teilfugen überdecken, nachträglich einzulegen, oder sie aus zwei Halbspulen herzustellen, deren einzelne Drähte nachträglich verlötet werden.

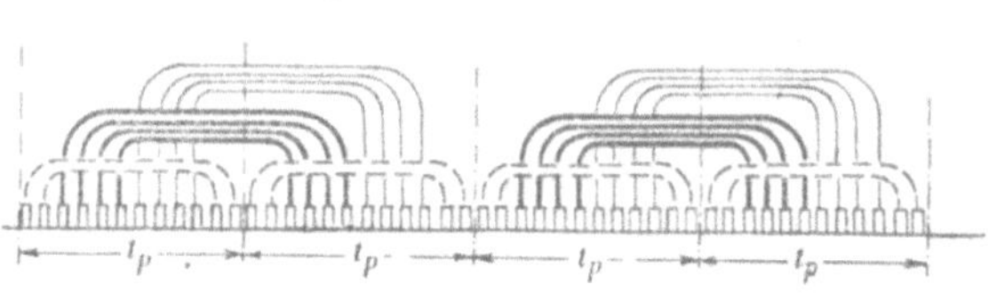

Bild 32. Zwei-Etagen-Wicklung für geteilten Ständer

Stabwicklungen mit ungleichen Wicklungsschritten erhalten Bügelverbindungen (Bild 23). Sie können für Einphasenmaschinen in derselben Weise geschaltet werden wie die entsprechenden Spulenwicklungen. Doch sind für die inneren Stäbe jeder Gruppe besondere aus der Wickelkopfebene heraustretende Verbindungen nötig (Bild 33). Bei Mehrphasenmaschinen werden deshalb Stabwicklungen mit ungleichen Wicklungsschritten kaum verwendet.

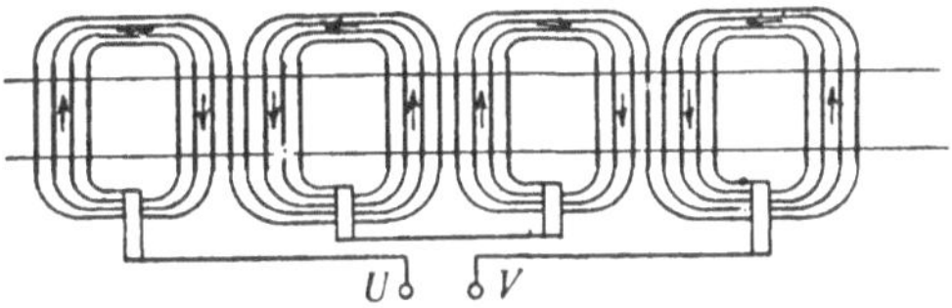

Bild 33. Einphasen-Stabwicklung (Schleifenwicklung)

b) Wicklungen mit gleichen Wicklungsschritten (meist Zweischichtwicklungen)

Während die Wicklungen mit ungleichen Wicklungsschritten durchweg als Einschichtwicklungen ausgeführt werden, sind die Wicklungen mit gleichen Wicklungsschritten überwiegend Zweischichtwicklungen. Dabei entsprechen den beiden Schichten der Wicklung auch zwei Wickelkopfebenen. Doch kann man jede Zweischichtwicklung in eine Einschichtwicklung mit doppelter Nutenzahl verwandeln, indem man die zwei in einer Nut übereinander liegenden Spulenseiten oder Stäbe auf zwei nebeneinander liegende Nuten verteilt. Die beiden Wickelkopfebenen bleiben dabei erhalten.

Bei Spulenwicklungen mit gleichen Wicklungsschritten (Spulen gleicher Weite) sind die zwei Wickelkopfebenen nur dann deutlich zu unterscheiden, wenn die Spulen plötzlich in Form einer Kröpfung aus der einen in die andere übergehen (Bild 34), dagegen nicht, wenn dieser Übergang allmählich

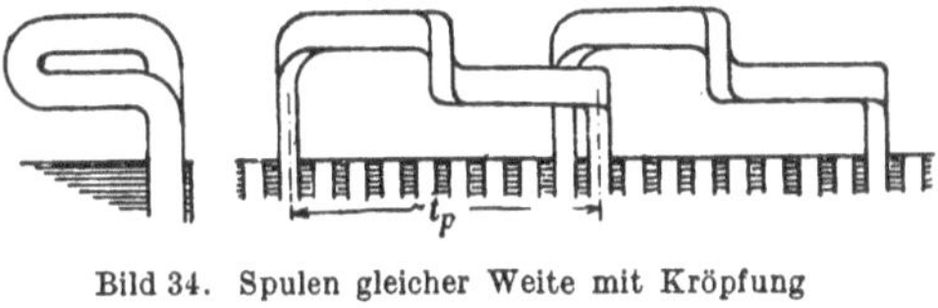

Bild 34. Spulen gleicher Weite mit Kröpfung

erfolgt (Bild 35). Bild 18 zeigt eine Spulenwicklung mit deutlicher Kröpfung bei einem Turbogenerator. Wicklungen dieser

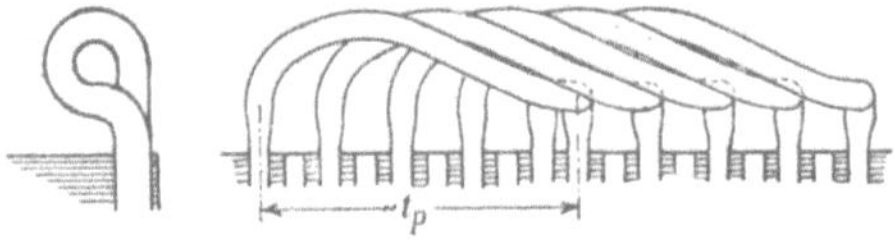

Bild 35. Spulen gleicher Weite ohne Kröpfung

Art kann man auch aus Halbspulen zusammensetzen, deren einzelne Leiter durch Zwingen verbunden werden (Bild 36).

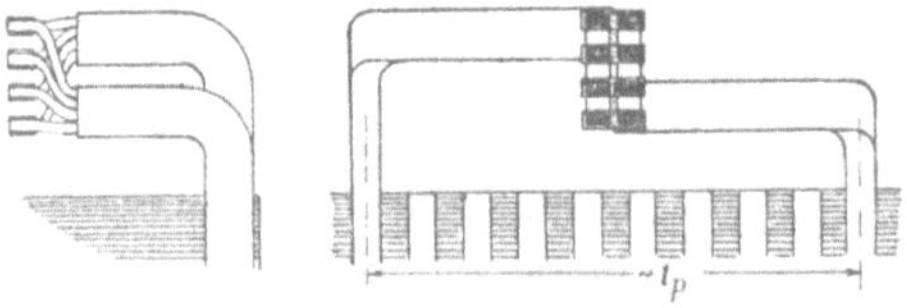

Bild 36. Halbspulen

Stabwicklungen mit gleichen Wicklungsschritten erhalten Gabelverbindungen (Bild 24). Sie werden nur als „umlaufende Wicklungen", d. h. ähnlich den Wellenwicklungen der Gleichstrommaschinen ausgeführt; denn wenn man sie als Schleifenwicklungen ausführen wollte, würde man viel mehr aus den Wickelkopfebenen heraustretende Verbindungen benötigen, mindestens eine je Polpaar und Wicklungsstrang. Freilich sind auch bei umlaufenden Wicklungen solche zusätzlichen Verbindungen nicht ganz zu vermeiden. Es bleiben immer die Klemmenverbindungen (von den Enden der Wicklungsstränge zu den Maschinenklemmen), die Sternpunktsverbindungen und die unten erwähnten Umkehrverbindungen. Für diese Verbindungen muß außerhalb des eigentlichen Wicklungskopfes Platz vorgesehen werden (vgl. Bild 2).

Für Einphasenmaschinen werden Stabwicklungen mit

Gabelverbindungen nach Bild 37 geschaltet. Entsprechend den 8 Stäben je Pol besteht diese Wicklung aus 8 Umläufen. Verfolgt man die Wicklung von einer Klemme (U) ausgehend bis zu der anderen Klemme (V), so sieht man, daß die Hälfte der Umläufe nach rechts und die andere Hälfte nach links durchlaufen wird. Dazwischen liegt eine Umkehrverbindung (u in Bild 37). Dies ist notwendig. Würde man nämlich diese Wick-

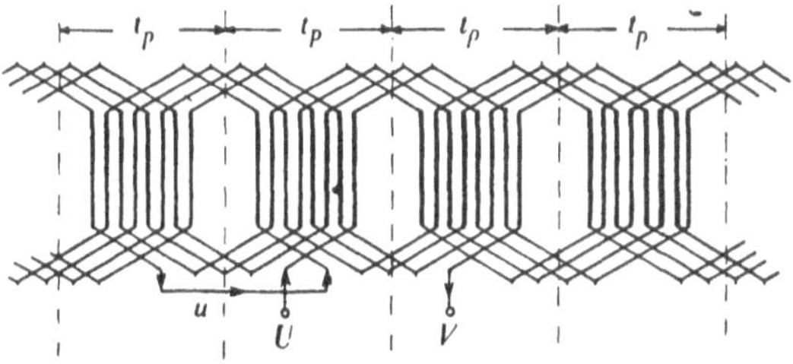

Bild 37. Einphasen-Stabwicklung mit Gabelverbindungen

lung ohne Umkehrverbindung herstellen, etwa so wie einen einzelnen Wicklungsstrang der in Bild 38 dargestellten Dreiphasenwicklung, dann würde die Wicklung 8mal in demselben Sinn die Welle umkreisen und dadurch die Welle magnetisieren. Dadurch würden Ströme in den Lagerschalen entstehen, ähnlich wie in einem Unipolar-Generator, und diese Ströme würden Anfressungen des Lagermetalls verursachen. Bei Dreiphasenmaschinen dagegen können umlaufende Stabwicklungen auch ohne Umkehrverbindungen nach Bild 38 geschaltet werden.

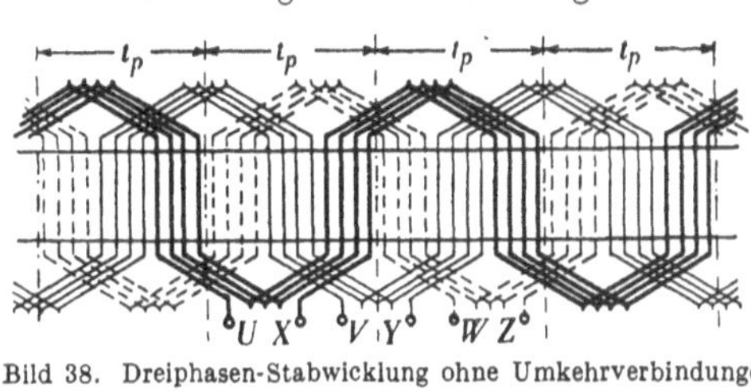

Bild 38. Dreiphasen-Stabwicklung ohne Umkehrverbindungen

Denn hier ist die Summe der Ströme in den drei Wicklungssträngen stets gleich Null, eine Magnetisierung der Welle ist also nicht zu befürchten. Trotzdem werden auch umlaufende Stabwicklungen für Dreiphasenstrom häufiger mit Umkehrverbindungen hergestellt (Bild 39). Denn bei dieser Schaltung

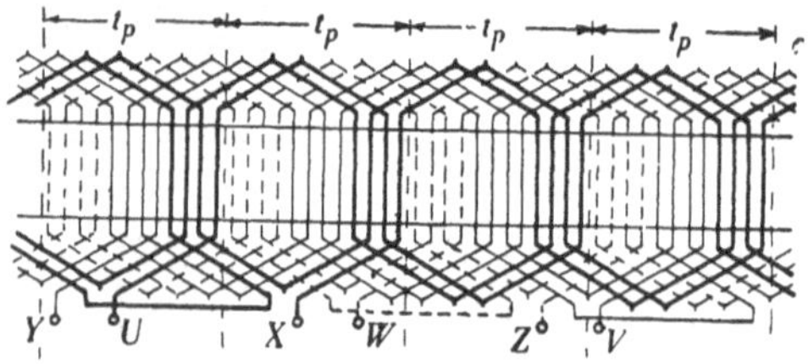

Bild 39. Dreiphasen-Stabwicklung mit Umkehrverbindungen

sind die Verbindungen gleichmäßig über den Umfang der Maschine verteilt; der für die Gabelverbindungen verfügbare Raum wird also besser ausgenützt als bei den ungleichmäßig verteilten Verbindungen nach Bild 38.

Die Schaltungen nach Bild 37 und 39 können in derselben Weise für Einschichtwicklungen wie für Zweischichtwicklungen angewendet werden. Häufiger sind die Zweischichtwicklungen. Die Schaltung nach Bild 38 dagegen kommt nur für Einschichtwicklungen in Betracht und läßt sich nicht auf Zweischichtwicklungen übertragen. Zweischichtwicklungen nach Bild 39 (ebenso auch entsprechende Zweischicht-Spulenwicklungen) sind im Schaltplan so nahe verwandt mit Gleichstromwicklungen, daß sie auch als „aufgeschnittene Gleichstromwicklungen“ bezeichnet werden. Die wirkliche Ausführung einer solchen Wicklung zeigt Bild 40. Werden die Verbindungen nicht wie hier auf einem Zylindermantel nach Bild 25a angeordnet, sondern in einer Stirnebene nach Bild 25b, dann erhalten sie Evolventenform, weil bei dieser Form der Abstand zweier benachbarter Verbindungen voneinander auf der ganzen Länge der gleiche bleibt. Eine Einstabwicklung mit Evolventenverbindungen zeigt Bild 26. Wicklungen nach Bild 18, 26 u. 40 werden heute bei großen Maschinen am häufigsten angewendet.

Bei den in Bild 34 bis 39 dargestellten Wicklungen mit gleichen Wicklungsschritten sind die Wicklungsschritte gleich einer Polteilung. Man kann aber solche Wicklungen auch mit verkürztem Schritt ausführen und nennt sie dann Sehnenwicklung. Die Schrittverkürzung (Sehnung) beträgt meist

Bild 40. Ständerwicklung eines großen Stromerzeugers (Zweistabwicklung mit Umkehrverbindungen)

$^1/_{12}$ bis $^1/_6$ der Polteilung. Durch die Sehnung erhält man eine bessere Form der induzierten Spannung und des vom Ankerstrom erregten magnetischen Feldes (vgl. S. 43 und S. 50).

2. Die induzierte Spannung

Die in einem Wicklungsstrang induzierte Spannung hängt vor allem von der Zahl der Windungen ab, die in diesem Strang in Reihe geschaltet sind. Wir bezeichnen diese Windungszahl mit w. Weiter bezeichnen wir mit q die Nutenzahl je Pol und Strang. Ist Z die Gesamtnutenzahl und m die Zahl der Wicklungsstränge, dann ist im allgemeinen $Z = 2p \cdot m \cdot q$. Wenn nicht alle Nuten bewickelt sind, was bei Dreiphasenmaschinen nur selten vorkommt, bei Einphasenmaschinen aber die Regel ist, dann wollen wir mit q die Zahl der bewickelten Nuten je Pol und Strang bezeichnen. Die Gesamtzahl der Nuten ist dann größer als $2p \cdot m \cdot q$. Bezeichnen wir noch mit $\mathfrak{w}$ die Zahl der Leiter in einer Nut (bei Einschichtwicklungen gleich der Zahl der Windungen einer Spule, bei Zweischichtwicklungen doppelt so groß), dann ist die Gesamtzahl der Leiter in einem Wicklungsstrang $2p \cdot q \cdot \mathfrak{w}$, und die Gesamtzahl der Windungen halb so groß. Oft sind diese Windungen alle hintereinander geschaltet. Es kommt aber auch vor, daß mehrere Spulengruppen oder bei Stabwicklungen mehrere Umläufe parallel geschaltet werden. Ist dann a die Zahl der parallelen Zweige in einem Wicklungsstrang, dann wird die Zahl der in Reihe geschalteten Windungen in einem Wicklungsstrang

$$w = \frac{p \cdot q \cdot \mathfrak{w}}{a}. \tag{2}$$

Maßgebend für die induzierte Spannung ist ferner der magnetische Fluß, der aus einem Pol in den Anker eindringt. Wir bezeichnen ihn mit Φ und messen ihn in Weber[1]). Wir wollen zunächst voraussetzen, daß die magnetische Induktion sinusförmig am Ankerumfang verteilt ist. Wenn dann jede Windung beim Vorbeigang eines Poles einmal mit dem vollen Fluß dieses Poles verkettet ist, wenn also der Wicklungsschritt für alle Spulen gleich, und zwar gleich einer Polteilung ist, dann entsteht in jeder Windung eine Spannung vom Scheitelwert $2\pi \cdot f \cdot \Phi$ oder vom Effektivwert $4{,}44 \cdot f \cdot \Phi$ $(4{,}44 = 2\pi : \sqrt{2})$. Im ganzen Wicklungsstrang würde die Spannung $4{,}44 \cdot f \cdot \Phi \cdot w$ entstehen, wenn alle Spulen gleichzeitig mit dem vollen Fluß eines Poles verkettet wären. Da dies in Wirklichkeit nicht der Fall ist, wird die induzierte Spannung kleiner. Wir berücksichtigen dies durch einen Faktor ξ, den wir den Wicklungsfaktor nennen. Wir schreiben also für die gesamte in einem Wicklungsstrang induzierte Spannung

$$E = 4{,}44 \cdot f \cdot \Phi \cdot \xi \cdot w. \tag{3}$$

[1]) 1 Weber = 1 Voltsec. = 10^8 Maxwell.

Anstatt von ganzen Windungen kann man bei der Berechnung der induzierten Spannung auch von einzelnen Leitern ausgehen. Denn bei elektrischen Maschinen, in denen das magnetische Feld mit unveränderter Form am Ankerumfang entlang läuft, insbesondere also bei synchronen Maschinen, bei denen das magnetische Feld vom Polrad aus betrachtet feststeht, kann man bekanntlich so rechnen, als ob in jedem einzelnen Leiter eine Spannung $B \cdot L \cdot v$ induziert würde. Hier bedeutet L die Länge eines Leiters (einer Spulenseite), B die magnetische Induktion in Weber/cm² an der Stelle, wo sich der Leiter augenblicklich befindet, und v die Geschwindigkeit des Leiters im magnetischen Feld, bei synchronen Maschinen also gleichzeitig die Umfangsgeschwindigkeit des Polrades. Diese Geschwindigkeit ist

$$(4) \qquad v = 2t_p \cdot f,$$

wo t_p die Polteilung und f die Frequenz bedeutet[1]).

Der zeitliche Verlauf der Leiterspannung entspricht der räumlichen Verteilung der Induktion am Ankerumfang. Ist die Induktion sinusförmig verteilt (Scheitelwert $B_{\max}$), so ist der Fluß eines Poles $\Phi = \frac{2}{\pi} \cdot B_{\max} \cdot L \cdot t_p$. Der Scheitelwert der Leiterspannung ist $B_{\max} \cdot L \cdot v$, der Effektivwert also

$$\frac{1}{\sqrt{2}} \cdot B_{\max} \cdot L \cdot v = \frac{1}{\sqrt{2}} \cdot B_{\max} \cdot L \cdot 2t_p \cdot f = 2{,}22 \cdot f \cdot \Phi.$$

Bei sinusförmiger Verteilung des magnetischen Feldes und infolgedessen sinusförmiger Spannung in jedem Leiter kann man die Leiterspannungen durch Zeiger darstellen[2]). Dabei wird die Spannung aller Leiter, die in derselben Nut liegen, durch denselben Zeiger angegeben. Die Gesamtheit dieser Zeiger nennt man den Nutenstern (Bild 41). Die Zeiger der in den benachbarten Nuten induzierten Spannungen bilden miteinander einen Phasenwinkel (elektrischen Winkel) $\alpha_1 = \frac{180^0}{m \cdot q}$.

[1]) Bei $f = 50$ ist $v = 100 \cdot t_p$. Die Polteilung in cm ist also gleichzeitig die Umfangsgeschwindigkeit in m/s.

[2]) Herrmann, Einführung in die Starkstromtechnik. Slg. Göschen Bd. 196.

Ist α_r der räumliche Winkelabstand zweier Nuten am Ständerumfang, so ist $\alpha_1 = p \cdot \alpha_r$. Ist die Nutenzahl je Polpaar eine ganze Zahl, was in den meisten Fällen zutrifft, dann wiederholt sich die Phasenlage der Leiterspannungen nach einer doppelten Polteilung; der Nutenstern hat dann nur $2m \cdot q$ Strahlen.

Zu einem Wicklungsstrang gehören $2p \cdot q$ Nuten mit je $\mathfrak{w}$ Leitern, also insgesamt $2p \cdot q \cdot \mathfrak{w}$ Leiter. Enthält der Wicklungsstrang a parallele Zweige, so sind $2p \cdot q \cdot \mathfrak{w} : a = 2w$ Leiter in

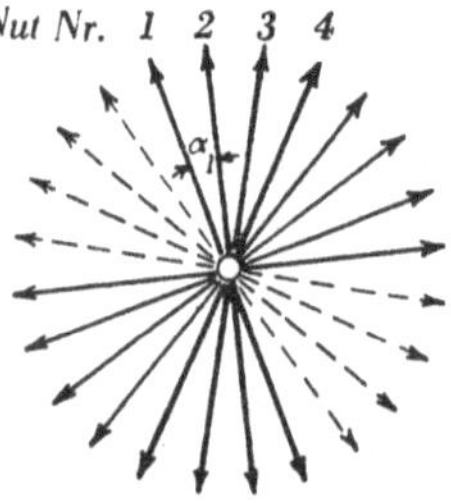

Bild 41. Nutenstern ($q = 4$)

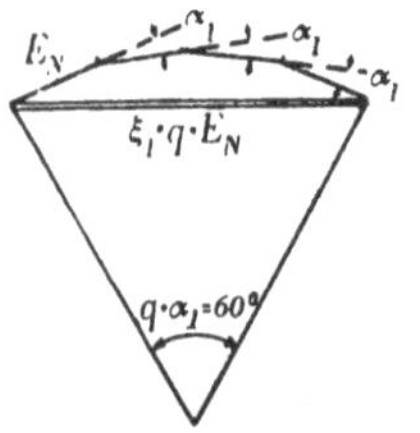

Bild 42. Wicklungsfaktor

Reihe geschaltet. Die Gesamtspannung wäre also $2w \cdot 2{,}22 \cdot f \cdot \Phi$, wenn alle Leiterspannungen gleichphasig wären. Da sie das nicht sind, so muß man wieder den Wicklungsfaktor ξ einführen, also nach Formel (3) rechnen.

Auch bei nicht sinusförmig verteiltem Feld kann man nach Formel (3) rechnen. Dann ist aber der Wicklungsfaktor von der Feldform abhängig. Den für sinusförmiges Feld gültigen Faktor bezeichnen wir mit ξ_1.

W i c k l u n g s f a k t o r. Man findet die Gesamtspannung eines Wicklungsstranges durch geometrische Addition der Spannungen im Nutenstern, die zu diesem Wicklungsstrang gehören (Bild 42). Diese geometrische Summe ist kleiner als die arithmetische Summe. Das Verhältnis beider ist der Wicklungsfaktor. Faßt man die Spannungen aller in einer Nut liegenden Leiter zu einer „Nutenspannung“ E_n zusammen, so ist die Gesamtspannung $E = 2p \cdot \xi_1 \cdot q \cdot E_n$ (Bild 42).

Ist die Spulenweite im Mittel gleich der Polteilung, so ist der Wicklungsfaktor hauptsächlich von der „Zonenbreite" abhängig. Bei Wicklungen mit verkürztem Schritt (Sehnenwicklung) ist er dagegen auch von der Spulenweite (also von der Sehnung) abhängig. Man zerlegt deshalb den Wicklungsfaktor in einen Wicklungsfaktor im engeren Sinn (oder Zonenfaktor), den wir künftig mit ξ (bezw. ξ_1) bezeichnen wollen, und einen Sehnungsfaktor ξ_s (bezw. ξ_{s1}). In Formel (3) ist also jetzt $\xi \cdot \xi_s$ anstelle von ξ zu setzen.

Der Sehnungsfaktor ist, wenn ε die Schrittverkürzung in elektrischen Graden bedeutet (Spulenweite : Polteilung = $(180^0 - \varepsilon) : 180^0$),

$$(5) \qquad \xi_{s1} = \cos \varepsilon/2.$$

Der Zonenfaktor kann aus der folgenden Tabelle entnommen werden:

Tabelle der Wicklungsfaktoren für ungesehnte Wicklungen

	Zonenbreite = $\frac{1}{3}$ Polteilung					Zonenbreite = $\frac{2}{3}$ Polteilung				
$Z : 2p$ =	3	6	9	12	∞	3	6	9	12	∞
q =	1	2	3	4		2	4	6	8	
ξ_1 =	1,000	0,966	0,960	0,958	0,955	0,866	0,837	0,831	0,830	0,827
ξ_3 =	1,000	0,707	0,667	0,653	0,637	0	0	0	0	0
ξ_5 =	1,000	0,259	0,217	0,204	0,191	0,866	0,224	0,188	0,178	0,165
ξ_7 =	1,000	0,259	0,178	0,157	0,136	0,866	0,224	0,154	0,137	0,118

Bei gewöhnlichen dreiphasigen Wicklungen beträgt die Zonenbreite $^1/_3$ der Polteilung. In Bild 42 ist dann $q \cdot \alpha_1 = 60^0$. Der Zonenfaktor erreicht deshalb, wie auch die Tabelle zeigt, bei großen Nutenzahlen der Wert $\frac{3}{\pi}$, d. i. das Verhältnis der Sehne zum Bogen beim Zentriwinkel 60^0. Bei dreiphasig angeschlossenen unaufgeschnittenen Gleichstromwicklungen (also bei Einanker-Umformern) und ebenso meist bei Einphasenwicklungen beträgt dagegen die Zonenbreite $^2/_3$ der Polteilung. In diesem Fall ist $q \cdot \alpha_1 = 120^0$ und der Wicklungsfaktor wird im Verhältnis $\sqrt{3} : 2$ kleiner als bei den gewöhnlichen Dreiphasenwicklungen mit gleicher Nutenzahl je Pol.

Oberwellen der induzierten Spannung. Ist die Induktion nicht sinusförmig über den Ankerumfang verteilt, so ist auch die induzierte Spannung nicht sinusförmig. Man will dann wissen, in welchem Maße diese Spannung mit Oberwellen behaftet ist.

Um dies zu erörtern, zerlegen wir schon die Induktionskurve („Feldkurve“) nach Fourier in Grundwelle und Oberwellen (Bild 43). Geradzahlige Oberwellen sind im allgemeinen

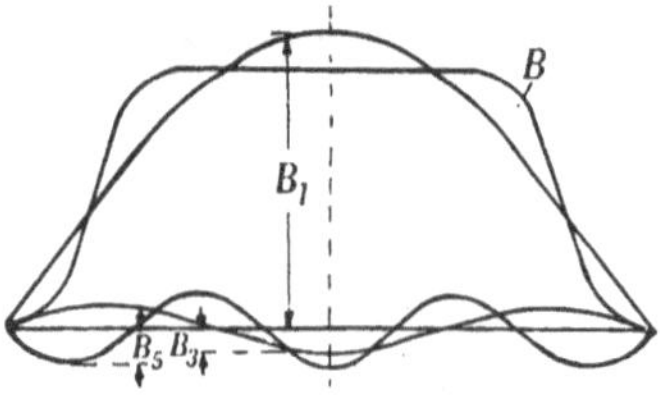

Bild 43. Zerlegung der Feldkurve in Grundwelle und Oberwellen

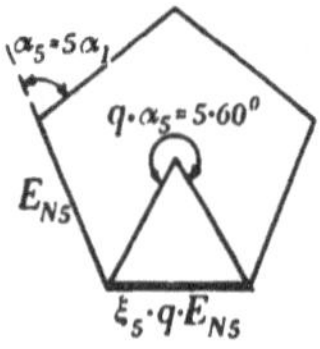

Bild 44. Wicklungsfaktor für die fünfte Oberwelle

nicht vorhanden, da Nordpol und Südpol entgegengesetzt gleiche Feldkurven haben.

Die von der Grundwelle induzierte Spannung ist wie oben nach Formel (3) zu berechnen:

$$E_1 = 4{,}44 \cdot f \cdot \xi_1 \cdot \xi_{s1} \cdot \Phi_1 \cdot w. \qquad (3\text{a})$$

Der Fluß der Grundwelle Φ_1 unterscheidet sich im allgemeinen nur sehr wenig vom Gesamtfluß des Poles Φ.

Die n. Oberwelle des Feldes induziert in den einzelnen Leitern Spannungsoberwellen von der Frequenz $n \cdot f$, die sich zur Grundwelle der Spannung verhalten wie die Induktionen $B_n : B_1$ (Bild 43). Der Phasenwinkel zwischen den Spannungsoberwellen in benachbarten Nuten ist aber $n$mal größer als zwischen den Grundwellen: $\alpha_n = n \cdot \alpha_1$. Dadurch ergibt sich für die Oberwellen ein kleinerer Wicklungsfaktor (Bild 44). Die Spannungskurve weicht also weniger von der Sinusform ab als die Feldkurve, und zwar um so weniger, je größer die Nutenzahl je Pol und Strang ist.

Für die wichtigsten Oberwellen sind die Wicklungsfaktoren aus der Tabelle auf S. 41 zu entnehmen. Die dritte Oberwelle der Spannung verschwindet ganz bei Wicklungen, deren Zonenbreite gleich $^2/_3$ der Polteilung ist. Bei gewöhnlichen Dreiphasenwicklungen, deren Zonenbreite nur $^1/_3$ der Polteilung ist, ist sie zwar in der Strangspannung enthalten, fällt aber bei Sternschaltung in der verketteten Spannung heraus. Bei Dreieckschaltung sind die dritten Oberwellen aller drei Wicklungsstränge gleichphasig in Reihe geschaltet und erzeugen einen Ausgleichsstrom in der Wicklung. Bei synchronen Maschinen vermeidet man deshalb diese Schaltung, oder man verkürzt den Wicklungsschritt um $\varepsilon \approx 60^0$. Die Klemmenspannung einer Dreiphasen-Maschine ist in jedem Fall frei von Oberwellen, deren Ordnungszahl durch drei teilbar ist.

Auch der Sehnungsfaktor ist für die Oberwellen kleiner als für die Grundwelle, und zwar ist

$$\xi_{sn} = \cos\left(n \cdot \frac{\varepsilon}{2}\right) \tag{5a}$$

Ist z. B. $\varepsilon = 30^0$, so wird für die 5. und 7. Oberwelle $\xi_{sn} = 0{,}26$. Für die Grundwelle ist dagegen $\xi_{s1} = 0{,}966$. Die Oberwellen werden also durch die Sehnung noch weiter vermindert.

Nutenoberwellen entstehen sowohl durch die Nutung des Ankers wie auch durch die Nutung des Läufers. Man unterdrückt sie, wenn notwendig, durch Schrägstellung der Nuten- oder der Polschuhe oder durch Staffeln der Polschuhe. Halbgeschlossene Nuten oder auch magnetische Nutenkeile lassen die Nutenoberwellen weniger hervortreten. Durch Schrägstellen der Nuten oder der Polschuhe wird auch die Feldform ausgeglichen, d. h. der Sinusform genähert.

Bei der Berechnung der induzierten Spannung braucht man die Oberwellen nicht zu berücksichtigen, da sich der Effektivwert der gesamten induzierten Spannung nur sehr wenig von dem der Grundwelle unterscheidet. Praktisch genügt es daher, E_1 nach Formel (3a) zu berechnen.

3. Bruchlochwicklungen

Die große Bedeutung der Zahl q, der Nutenzahl je Pol und Strang, hat dazu geführt, daß man eine Wicklung mit beispielsweise drei Nuten je Pol und Strang kurz eine Dreilochwicklung nennt. In diesem Sinne bezeichnet man nun Wicklungen, bei denen q keine ganze Zahl, sondern ein Bruch ist als Bruchlochwicklungen. Bei Bruchlochwicklungen hat der Nutenstern eine größere Anzahl von Strahlen. Dadurch wird die Kurvenform der induzierten Spannung verbessert. Sie wird ebenso, als ob die Wicklung eine wesentlich größere Nutenzahl je Pol und Strang hätte (im allgemeinen dem Zähler des Bruches q entsprechend). Dies ist besonders bei kleinen Nutenzahlen je Pol und Strang von Bedeutung. Bruchlochwicklungen werden deshalb z. B. bei Maschinen für höhere Frequenzen angewendet, weil diese wegen ihrer stets sehr geringen Polteilung nur sehr wenige Nuten je Pol erhalten können.

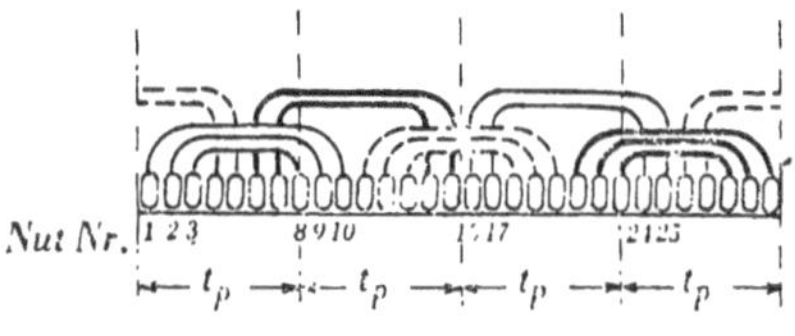

Bild 45. Bruchloch-Spulenwicklung

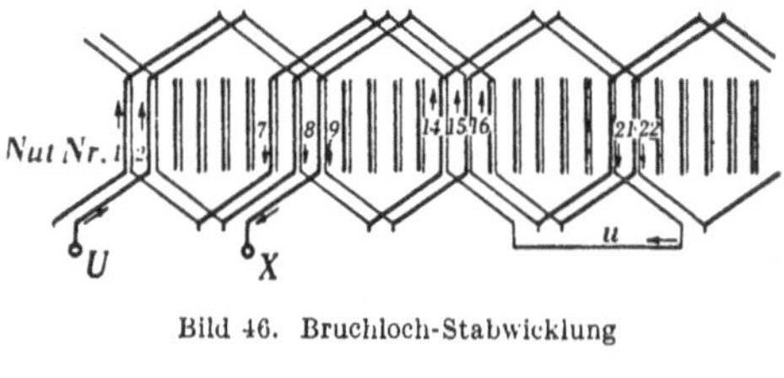

Bild 46. Bruchloch-Stabwicklung

Bruchlochwicklungen können als Spulenwicklung oder Stabwicklung mit gleichen oder ungleichen Spulenweiten

(Wicklungsschritten) ausgeführt werden. Bei Spulenwicklungen (Bild 45) bestehen die einzelnen Spulengruppen aus ungleich vielen Spulen. Bei umlaufenden Stabwicklungen (Bild 46) sind einzelne unvollständige Umläufe vorhanden.

4. Das Ankerfeld der synchronen Maschine

Die erforderliche Erregung bei Leerlauf kann ebenso wie bei der Gleichstrom-Maschine mit Hilfe der allgemeinen Grundgesetze des magnetischen Kreises berechnet werden. Diese Berechnung ist an anderer Stelle[1]) ausführlich dargestellt und soll deshalb hier als bekannt vorausgesetzt werden.

Auch der Wechselstrom, der die Ankerwicklung der Maschine durchfließt, hat — ebenso wie bei der Gleichstrom-Maschine — einen Einfluß auf das magnetische Feld. Man nennt diese Erscheinung die Ankerrückwirkung. Um sie zu verstehen, betrachten wir zunächst das magnetische Feld, welches vom Ankerstrom erregt wird, für sich allein und setzen es dann mit dem von der Polradwicklung erregten Feld, dem Leerlauffeld, zusammen. Grundsätzlich ist also das Verfahren auch hier wieder dasselbe wie bei der Gleichstrom-Maschine[2]).

a) Das Ankerfeld der Drehstrom-Maschine

Bei einer gewöhnlichen Drehstrom-Wicklung (ohne Sehnung) entstehen am Ankerumfang in jeder doppelten Polteilung sechs Stromzonen (vgl. z. B. Bild 29, 30, 38, 39). Innerhalb jeder Zone führen alle Nuten dieselbe Durchflutung. Im allgemeinen (außer bei unaufgeschnittenen Gleichstromwicklungen) gehören alle Leiter in einer Zone zu dem gleichen Wicklungsstrang und führen denselben Strom. Die einzelnen Wicklungsstränge sind um je $^1/_3$ einer doppelten Polteilung, also um 2 Zonenbreiten gegeneinander versetzt. In Bild 48 sind deshalb die Ströme I_1, I_2, I_3 in der 1. 3. und 5. Zone eingetragen. Die Leiter der dazwischenliegenden Zonen können wir als Rückleitungen auffassen; sie führen die Ströme $-I_1$, $-I_2$, $-I_3$.

---

[1]) Lit.-Verz. Nr. 6, Bd. I, S. 57ff.

[2]) a. a. O. S. 66ff.

Diese Ströme sind Wechselströme; sie können durch ein Zeigerbild (Bild 47) dargestellt werden. Die Projektion der Zeiger auf eine in einer Periode einmal umlaufende „Zeitlinie“ gibt den Augenblickswert der Ströme an. Mit den Strömen ändert sich in jedem Augenblick auch das magnetische Feld. Einen Überblick über die magnetische Wirkung der Ankerströme können wir uns verschaffen, indem wir bestimmte Augenblicke innerhalb einer Periode der Wechselströme herausgreifen und für jeden dieser Augenblicke die Felderregerkurve[1]) zeichnen, deren Neigung immer dem Strombelag der betreffenden Zone, d. h. der Durchflutung je cm Ankerumfang, proportional ist. Die Durchflutungen sind in Bild 48 dargestellt, und zwar für die drei um je $^1/_{12}$ einer Periode auseinanderliegenden Augenblicke, für die in Bild 47 die Lage der Zeitlinie eingezeichnet ist. Die aus Bild 47 zu entnehmenden Augenblickswerte der Stromstärken sind in Bild 48 durch die

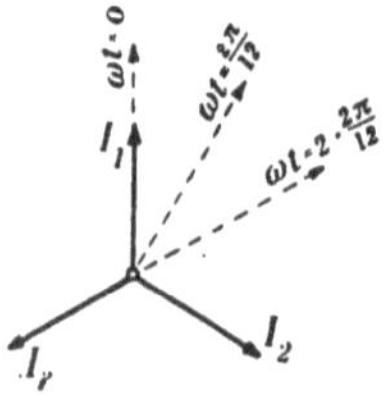

Bild 47. Zeigerbild der Ströme

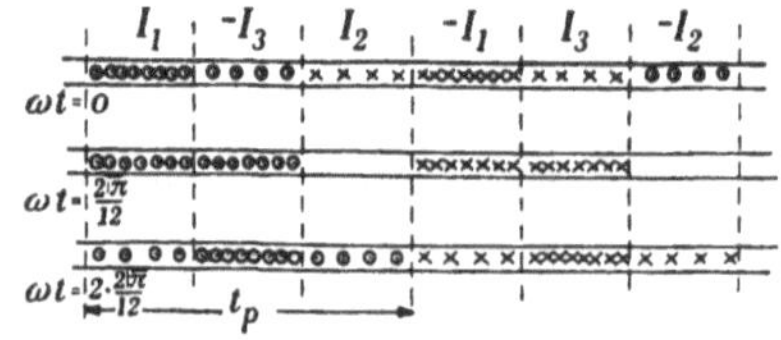

Bild 48. Durchflutung einer Dreiphasen-Wicklung

Anzahl der in jeder Zone eingetragenen Stromzeichen angenähert wiedergegeben; die Art der Zeichen gibt außerdem die Richtung der Ströme an. Bild 49 zeigt die daraus abgeleiteten Felderregerkurven. Man sieht, daß diese ihre Form nur wenig verändern, viel mehr dagegen ihre Lage, und daß sie in je $^1/_6$ der Periode um $^1/_6$ der doppelten Polteilung weiterrücken, also mit der Geschwindigkeit $v = 2t_p \cdot f$. Dies ist nach Formel (4) (S. 39)

[1]) Lit.-Verz. Nr. 6, Bd. I, S. 23.

gleichzeitig die Geschwindigkeit des Polrades. Nach je $^1/_6$ der Periode hat die Felderregerkurve wieder dieselbe Form; dazwischen aber ändert sich ihre Form zwischen den beiden in Bild 49 gezeichneten Grenzformen.

Ein solches magnetisches Feld, welches mit fast unveränderter Form und gleichbleibender Geschwindigkeit am Umfang des Ankers entlang läuft, nennt man ein Drehfeld. Wenn man einen dreiphasigen Wechselstrom als „Drehstrom" bezeichnet, wie allgemein üblich, so hat dies seinen Grund darin,

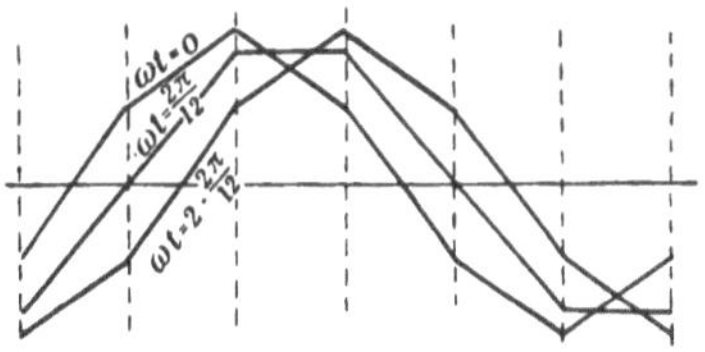

Bild 49. Felderregerkurve einer Dreiphasen-Wicklung

daß ein solcher Strom (ebenso wie jeder andere Mehrphasenstrom, aber im Gegensatz zum einphasigen Wechselstrom) in der soeben gezeigten Weise ein Drehfeld erregt, wenn er eine entsprechende mehrphasige Ankerwicklung durchfließt.

Die Grundwelle des Ankerdrehfeldes. Wenn man die Feldformen in Bild 49 in Grundwelle und Oberwellen zerlegt, so findet man, daß sie alle dieselbe Grundwelle enthalten und daß sogar die Oberwellen nicht der Größe nach, sondern nur nach ihrer Lage zur Grundwelle verschieden sind. Dadurch allein sind die verschiedenen Formen der Gesamt-Felderregerkurve bedingt. Man bekommt deshalb einen besseren Überblick, wenn man die einzelnen harmonischen (= sinusförmigen) Wellen des Feldes für sich getrennt untersucht.

Zu diesem Zweck geht man am besten von den Elementarfeldern aus, die von einzelnen Nutenpaaren erregt werden. Jedes Nutenpaar soll aus zwei um eine Polteilung auseinanderliegenden Nuten bestehen. Für eine Maschine mit p Polpaaren tritt an Stelle eines Nutenpaares eine Gruppe von $2p$ um je eine Polteilung auseinanderliegenden Nuten.

Ein solches Nutenpaar liefert eine räumlich rechteckig verlaufende magnetische Spannung, die zeitlich mit dem Strom, also sinusförmig, pulsiert. Dem Scheitelwert des Stromes $\sqrt{2}\cdot I$ entsprechend ist ihr zeitlicher Höchstwert $1/_2 \cdot \sqrt{2}\cdot I\ \frac{\mathfrak{w}}{a}$. Diese rechteckige Felderregerkurve läßt sich nach Bild 50 in Grundwelle und Oberwellen zerlegen. Der räumliche Höchstwert der Grundwelle ist das $\frac{4}{\pi}$-fache der Rechteckhöhe, also $= \frac{2\cdot\sqrt{2}}{\pi}\cdot I\cdot\frac{\mathfrak{w}}{a}\cdot$ Der der n-ten Oberwelle ist ein n-tel von dem der Grundwelle.

Ein Wicklungsstrang einer Wicklung mit q Nuten je Pol und Strang (q-Loch-Wicklung) erregt q solche Rechteckfelder, die sich überlagern. Die Grundwellen dieser Felder sind um den Winkel $\alpha_1 = \frac{180^0}{3\cdot q}$ gegeneinander verschoben. Den Scheitelwert der resultierenden Felderregerkurve findet man durch geometrische Addition genau wie die resultierende Spannung einer Mehrlochwicklung[1]). Er ist $\frac{2\cdot\sqrt{2}}{\pi}\cdot I\cdot\frac{\mathfrak{w}}{a}\cdot q\cdot\xi_1 = 0{,}9\cdot I\cdot\frac{w}{p}\cdot\xi_1$.

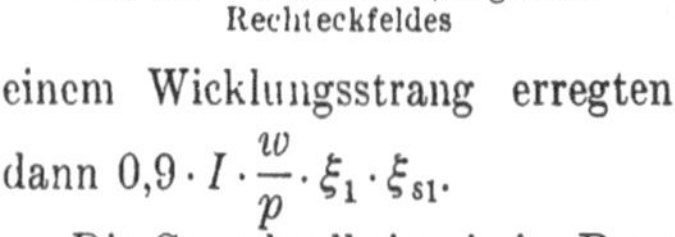

Bild 50. Fourier-Zerlegung eines Rechteckfeldes

ξ_1 ist wie oben der Wicklungsfaktor (Zonenfaktor) für die Grundwelle.

Bei einer Sehnenwicklung muß man auch den Sehnungsfaktor wieder einführen. Der Scheitelwert der Grundwelle des von einem Wicklungsstrang erregten magnetischen Feldes ist dann $0{,}9\cdot I\cdot\frac{w}{p}\cdot\xi_1\cdot\xi_{s1}$.

Die Grundwelle ist ein im Raum stillstehendes Wechselfeld. Dieses läßt sich zerlegen in zwei Drehfelder mit der halben Amplitude, die mit der Geschwindigkeit $v_1 = 2t_p\cdot f$ nach rechts

[1]) S. 40, Bild 42.

bzw. links umlaufen. Denn zwei Drehfelder mit dem Scheitelwert B (Bild 51), die sich von einer Ausgangsstellung (Scheitel bei 0) um den Winkel ωt nach rechts bzw. links entfernt haben, geben zusammen immer wieder ein in der Ausgangsstellung verharrendes Feld mit dem Scheitelwert $2B \cdot \cos \omega t$, also ein Wechselfeld.

Wenn der Wicklungsstrang, dessen Strom dem des ersten um 120° nacheilt, am Ankerumfang nach rechts gegenüber

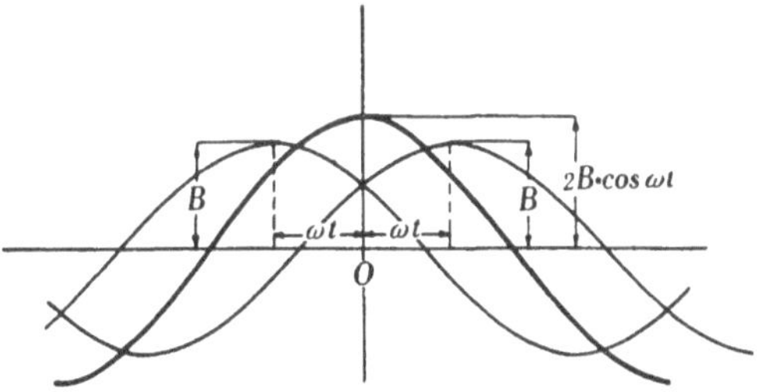

Bild 51. Zerlegung eines Wechselfeldes in zwei Drehfelder

dem ersten verschoben ist (bei einer synchronen Maschine also, wenn das Polrad nach rechts umläuft), dann heben sich die drei linksläufigen Drehfelder gegenseitig auf, während sich die drei rechtsläufigen addieren. Der Höchstwert der Grundwelle des resultierenden Drehfeldes ist daher

$$\Theta_{a1} = 0{,}9 \cdot \frac{3 \cdot I \cdot w}{2 \cdot p} \cdot \xi_1 \cdot \xi_{s1}. \tag{6}$$

Wir wollen in dieser Formel den Strombelag A einführen, und zwar als Effektivwert, wie wir ja auch den Strom I als Effektivwert angeben. Bei einer Dreiphasen-Maschine ist dann die Gesamtdurchflutung des Ankerumfanges $2p \cdot t_p \cdot A = 3 \cdot 2w \cdot I$. Setzt man dies in Formel (6) ein, so erhält man

$$\Theta_{a1} = 0{,}9 \cdot \tfrac{1}{2} \cdot t_p \cdot A \cdot \xi_1 \cdot \xi_{s1}. \tag{6a}$$

Diese Formel ist sehr ähnlich der von der Gleichstrom-Maschine her bekannten Formel $\Theta_a = \frac{1}{2} \cdot t_p \cdot A$. Während aber bei der Gleichstrom-Maschine Θ_a die gesamte Ankerdurchflutung für eine halbe Polteilung bedeutete und der Spitze der dreieckigen Felderregerkurve entsprach, ist bei Θ_{a1} nur die Grundwelle der Durchflutung berücksichtigt, die für den Scheitelwert der Grundwelle der Ankerfelderregerkurve maßgebend ist. Dadurch ist im wesentlichen der Faktor 0,9 bedingt.

Die Oberwellen des Ankerfeldes. Die in der Felderregerkurve eines Nutenpaares (Bild 50) enthaltenen Oberwellen lassen sich ebenso wie die Grundwellen erst für alle Nutenpaare eines Wicklungsstranges und dann für alle drei Wicklungsstränge zusammenfassen. Doch sind die n-ten Oberwellen zweier benachbarter Nutenpaare nicht mehr um den elektrischen Winkel α_1, sondern um $n \cdot \alpha_1$ gegeneinander verschoben. Die geometrische Addition gibt deshalb den Wert $\frac{1}{n} \cdot 0{,}9 \cdot I \cdot \frac{w}{p} \cdot \xi_n \cdot \xi_{sn}$, wo ξ_n den Wicklungsfaktor (Zonenfaktor) und ξ_{sn} den Sehnungsfaktor für die n-te Oberwelle bedeuten. (Vgl. Tabelle S. 41 und Formel (5a).)

Die n-te Oberwelle der Felderregerkurve eines Wicklungsstranges läßt sich ebenso wie die Grundwelle in zwei Drehfelder, jedes mit halbem Scheitelwert, zerlegen, die nach rechts und links umlaufen, aber mit der Geschwindigkeit $v_n = \frac{1}{n} \cdot v_1$. Fügt man nun die Oberwellen der beiden anderen Wicklungsstränge hinzu, so zeigt sich, daß alle Oberwellen, deren Ordnungszahl durch 3 teilbar ist, ganz verschwinden. Von den übrigen Oberwellen bleiben bestehen: die in gleicher Richtung wie das Polrad umlaufende (rechtläufige) 7. 13. 19. ..... allgemein $(6g + 1)$-te Oberwelle und die entgegengesetzt dem Polrad umlaufende (gegenläufige) 5. 11. 17. .... allgemein $(6g - 1)$-te Oberwelle. g bedeutet eine beliebige ganze Zahl. Der Scheitelwert der wirksamen Durchflutung für die $n$te Oberwelle ist

$$\Theta_{an} = \frac{1}{n} \cdot \frac{\xi_n}{\xi_1} \cdot \frac{\xi_{sn}}{\xi_{s1}} \cdot \Theta_{a1}. \tag{7}$$

Bei einer Wicklung mit $q = 3$ und $\varepsilon = 30^0$ wird z. B.

$$\Theta_{a5} = \frac{1}{5} \cdot \frac{0{,}217}{0{,}960} \cdot \frac{0{,}26}{0{,}966} \cdot \Theta_{a1} = 0{,}012 \cdot \Theta_{a1}$$

und $$\Theta_{a7} = \frac{1}{7} \cdot \frac{0{,}178}{0{,}960} \cdot \frac{0{,}26}{0{,}966} \cdot \Theta_{a1} = 0{,}007 \cdot \Theta_{a1}.$$

Die Oberwellen der Felderregerkurve sind also bei einer solchen Wicklung schon sehr klein und auch bei einer ungesehnten Wicklung betragen sie nur wenige Prozente der Grundwelle.

In der Kurve der Induktion (Feldkurve) sind aber die Oberwellen noch geringer als in der Felderregerkurve. Denn die Oberwellen laufen mit viel geringerer Geschwindigkeit als das Polrad, zum Teil auch in anderer Richtung als dieses. Sie bewegen sich also relativ zum Polrad und werden daher durch Wirbelströme in den Polschuhen, durch Ströme in der Erregerwicklung und vor allem durch Ströme in der Dämpferwicklung, falls eine solche vorhanden ist, abgedämpft. Sie brauchen deshalb im folgenden nicht weiter berücksichtigt zu werden.

b) Das Ankerfeld der Einphasen-Maschine

Bei einer Einphasen-Maschine oder bei einphasiger Belastung einer Mehrphasen-Maschine ist das vom Ankerstrom erregte magnetische Feld ein räumlich stillstehendes Wechselfeld. Wir können aber die Grundwelle dieses Feldes wieder in zwei Drehfelder zerlegen, jedes mit dem Scheitelwert

(8) $$\Theta_{a1} = 0{,}9 \cdot \frac{I \cdot w}{2p} \cdot \xi_1 \cdot \xi_{s1}.$$

Wenn wir wieder den Effektivwert des Strombelages A in der bewickelten Zone einführen, und wenn $\gamma \cdot t_p$ der bewickelte Teil der Polteilung ist, dann ist $2p \cdot \gamma \cdot t_p \cdot A = 2w \cdot I$ oder

(8a) $$\Theta_{a1} = 0{,}9 \cdot \tfrac{1}{2} \cdot \gamma \cdot t_p \cdot A.$$

Von diesen beiden Drehfeldern steht das eine (rechtläufige) relativ zum Polrad still, das andere (gegenläufige oder inverse) läuft relativ zum Polrad um mit der Geschwindigkeit $2 \cdot v_1$ ($v_1 = 2t_p \cdot f$). Es induziert daher in der Erregerwicklung Spannungen von der Frequenz $2f$. Ist der Erregerstromkreis geschlossen, so entstehen Ströme von der Frequenz $2f$, die das gegenläufige Feld teilweise abdämpfen. Diese Ströme belasten die Erregermaschine (Funkenbildung bei einphasigem Kurzschluß der Hauptmaschine).

Man kann das gegenläufige Drehfeld wieder in zwei Wechselfelder zerlegen, die relativ zum Polrad stillstehen, aber mit der Frequenz $2f$ pulsieren. Die Achse des einen Wechselfeldes fällt in die Polmitte (Längsfeld wie Bild 53, Kurve *b*), die des anderen in den Polzwischenraum (Querfeld wie Bild 52, Kurve *b*). Das gegenläufige Längsfeld wird bis auf ein Streufeld von der Erregerwicklung abgedämpft. Um auch das gegenläufige Querfeld abzudämpfen, ist bei Einphasen-Maschinen eine Dämpferwicklung erforderlich. Diese Wicklung wird als Käfigwicklung ausgeführt. Sie besteht bei Schenkelpol-Maschinen aus Stäben, die in Löchern in den Polschuhen liegen (Bild 8), und Ringen auf beiden Seiten der Pole; bei Vollpol-Maschinen aus Bronzekeilen, die mit den Kappen oder Bandagen leitend verbunden sind (Bild 17).

Durch die Käfig-Dämpferwicklung wird auch der Erregerstromkreis vor der Einwirkung des gegenläufigen Feldes geschützt.

Dämpferwicklungen verwendet man außerdem bei Generatoren, die von Kolbenkraftmaschinen (z. B. Dieselmotoren) angetrieben werden, um Pendelungen zu verhüten (vgl. S. 82), und bei Motoren, um den Selbstanlauf zu ermöglichen.

5. Das Gesamtfeld der belasteten Maschine

a) Die Lage des Ankerfeldes zum Polradfeld

Das Ankerfeld einer Drehstrom-Maschine ist nach S. 45 ein Drehfeld, welches in derselben Richtung und mit derselben Geschwindigkeit wie das Polrad umläuft, relativ zum Polrad also festliegt. Seine räumliche Verteilung ist sinusförmig; d. h. die Oberwellen können, wie auf S. 50 gezeigt, vernachlässigt werden.

Die Lage des Ankerfeldes zum Polradfeld ist abhängig von der Phasenlage des Ankerstromes. Ist der Ankerstrom eines Generators phasengleich mit der induzierten Spannung, so erreicht der Strom ebenso wie die induzierte Spannung seinen Höchstwert in der Zone der Ankerwicklung, die gerade vor der Mitte des Poles liegt (Bild 52). In den benachbarten Zonen der

Ankerwicklung sind die Spannungen und ebenso die Ströme noch im Zunehmen bzw. schon im Abnehmen, also kleiner als in der mittleren Zone. Läuft das Polrad nach rechts, so werden vor dem gezeichneten Nordpol Spannungen induziert, die vom Beschauer weg gerichtet sind; dieselbe Richtung haben die Ströme. Diesem Durchflutungsbild entspricht die in der un-

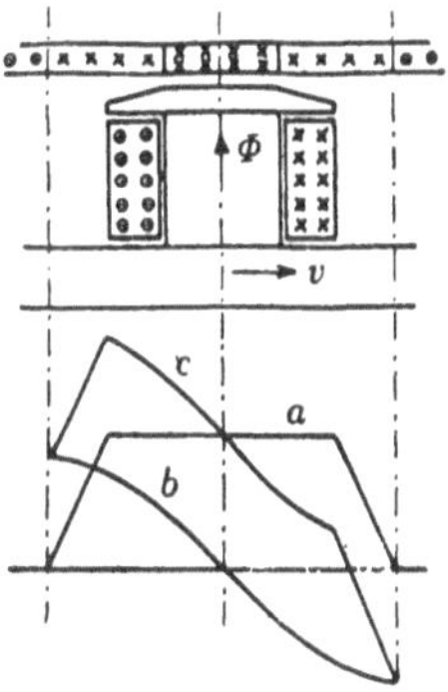

Bild 52. Lage des Ankerfeldes bei einem Generator mit induktionsfreier Belastung (Querfeld)

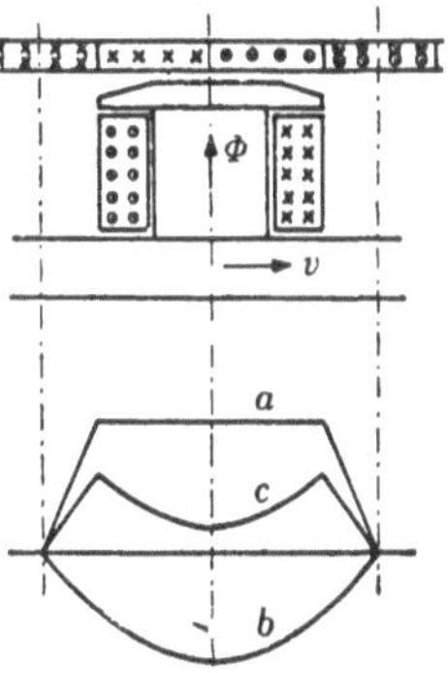

Bild 53. Lage des Ankerfeldes bei einem Generator mit induktiver Belastung (Längsfeld)

teren Hälfte von Bild 52 eingezeichnete Felderregerkurve des Ankers (Kurve b), von der nur die Grundwelle berücksichtigt ist. Kurve a in Bild 52 zeigt die Felderregerkurve des Polradfeldes, Kurve c die resultierende Felderregerkurve des Gesamtfeldes. Der Höchstwert des Ankerfeldes liegt also 90° hinter dem gleichgerichteten Feld des Polrades. Das Feld der Pole wird dadurch an der vorauslaufenden Kante geschwächt, an der zurückliegenden Kante verstärkt. Das Ankerfeld ist ein „Querfeld", genau wie bei einer belasteten Gleichstrom-Maschine. Das Gesamtfeld ist gegenüber dem Leerlauffeld zurückgeblieben; auch die in der Ankerwicklung induzierte Spannung muß daher gegenüber der Leerlaufspannung nacheilen.

Ist dagegen der Ankerstrom um 90° gegenüber der induzierten Spannung verzögert (Generator mit rein induktiver

Belastung), dann entsteht dieselbe Durchflutung wie in Bild 52 erst, wenn das Polrad schon um eine halbe Polteilung vorgerückt ist, also die in Bild 53 gezeichnete Lage erreicht hat. Die relative Lage von Ankerfeld und Polradfeld hat sich also geändert. Wie Bild 53 zeigt, wirkt die Ankerfelderregung jetzt der Polraderregung gerade entgegen. Das Ankerfeld ist kein Querfeld mehr, sondern ein „Längsfeld", und zwar ein Gegenfeld; d. h. das Gesamtfeld ist kleiner als es der Polraderregung allein entspricht.

Wenn der Ankerstrom der induzierten Spannung um 90° voreilt (Generator mit kapazitiver Belastung), so entsteht ein Längsfeld von gleicher Richtung wie das Polradfeld; das Gesamtfeld ist also stärker, als es der Polraderregung allein entspricht.

Bei einem Motor fließt der Strom nicht im Sinne der induzierten Spannung, sondern ihr entgegen; er wird durch eine von außen aufgedrückte entgegengesetzte Spannung getrieben. Das von ihm erregte Ankerfeld ist also auch dem Ankerfeld des Generators gerade entgegengesetzt; es ist bei reiner Wirklast ein Querfeld, welches um 90° vor den gleichnamigen Polen liegt.

Nimmt ein Motor einen gegenüber der aufgedrückten Spannung um 90° nacheilenden Strom auf, so kann man ihn auch als einen Generator mit voreilender Belastung auffassen; denn gegenüber der induzierten Spannung hat der Strom dann 90° Voreilung. Nacheilender Motorstrom stärkt also das magnetische Feld ebenso wie voreilender Generatorstrom; voreilender Motorstrom schwächt das Feld ebenso wie nacheilender Generatorstrom. Wenn man, wie in der Praxis üblich, einen nacheilenden Strom als „Blindstrom" im engeren Sinn bezeichnet, dann kann man auch sagen: „Abgegebener Blindstrom schwächt das Feld, aufgenommener Blindstrom stärkt das Feld."

Im praktischen Betrieb ist sowohl bei Generatoren wie bei Motoren das Gesamtfeld durch die Netzspannung vorgeschrieben; der Erregerstrom hat sich danach zu richten. In diesem Fall muß man sagen: „Abgegebener Blindstrom erfordert einen stärkeren Erregerstrom (Übererregung), aufgenommener Blindstrom einen schwächeren Erregerstrom (Untererregung)".

Betrachtet man den Erregerstrom als willkürlich eingestellt, dann gilt für eine an ein Netz mit fester Spannung angeschlossene Maschine: „Übererregung bewirkt Blindstromabgabe, Untererregung bewirkt Blindstromaufnahme."

Wenn der Strom um den Winkel ψ_0 gegenüber der induzierten Spannung nacheilt, so entspricht dem Wirkstrom $I \cdot \cos \psi_0$ die magnetisierende Durchflutung in der Richtung des Polzwischenraumes (Querdurchflutung)

$$\Theta_{q1} = \Theta_{a1} \cdot \cos \psi_0 \tag{9a}$$

und dem Blindstrom $I \cdot \sin \psi_0$ die magnetisierende Durchflutung in der Richtung der Polachse (Längsdurchflutung oder Gegendurchflutung)

$$\Theta_{g1} = \Theta_{a1} \cdot \sin \psi_0, \tag{9b}$$

das gesamte Ankerfeld liegt also um den Winkel $90^0 + \psi_0$ hinter dem Polradfeld.

b) Die der Ankerdurchflutung magnetisch gleichwertige Durchflutung der Erregerwicklung

Will man die Wirkung der Ankerfelderregung auf das Gesamtfeld der Maschine auch zahlenmäßig erfassen, so muß man nicht nur die relative Lage, sondern auch die relative Größe des Ankerfeldes im Vergleich zum Polradfeld feststellen. Dabei berücksichtigen wir auch vom Polradfeld nur die Grundwelle; denn die induzierte Spannung ist, wie auf S. 42/43 gezeigt, praktisch nur durch die Grundwelle des Feldes bedingt.

Für die weiteren Überlegungen muß zwischen Vollpolmaschinen und Schenkelpolmaschinen unterschieden werden. Denn bei den Vollpolmaschinen mit ihrem überall gleichen Luftspalt ist der magnetische Widerstand an allen Stellen des Läuferumfangs der gleiche; man kann deshalb die gesamte Ankerfelderregerkurve mit der Polradfelderregerkurve zusammensetzen und dann erst die Feldkurve (Induktionskurve) oder den Fluß eines Poles bestimmen. Dieser steht in einem bestimmten Zusammenhang mit dem Höchstwert der sinusförmigen Gesamt-Felderregerkurve, unabhängig von der Lage dieser Felderregerkurve zu den Polen. Bei den Schenkelpolmaschinen dagegen mit ihren Pollücken zwischen den ausgeprägten Polen ist der magnetische Widerstand für das Querfeld (in der Pollücke) wesentlich größer als der für das Längsfeld. Hier muß man also die erregenden Durchflutungen für diese beiden Teile des Feldes getrennt betrachten und für jeden Teil einzeln den Zusammenhang zwischen Felderregung und Fluß je Pol feststellen.

Bei **Vollpolmaschinen** ist die Erregerwicklung über einen Bogen $\gamma_e \cdot t_p$ verteilt. Dadurch entsteht eine trapezför-

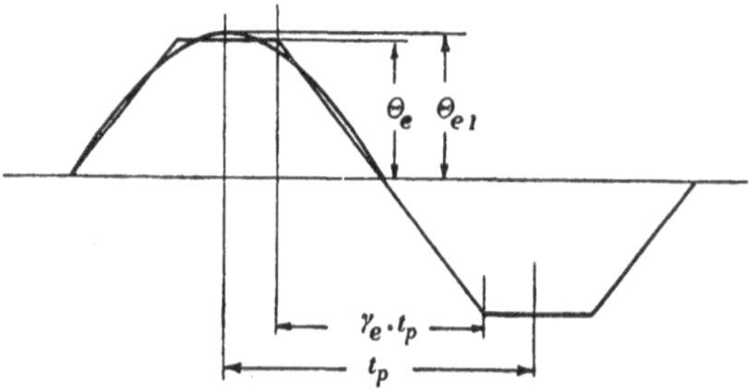

Bild 54. Polrad-Felderregerkurve einer Vollpol-Maschine

mige Felderregerkurve (Bild 54), deren Höchstwert der Durchflutung der Erregerwicklung je Pol (Θ_e) gleich ist. Die Grundwelle dieser Felderregerkurve hat den Höchstwert

$$\Theta_{e1} = \frac{4}{\pi} \cdot \xi_e \cdot \Theta_e \tag{10}$$

wo ξ_e den Wicklungsfaktor der Erregerwicklung bedeutet. Es ist

$$\xi_e = \frac{\sin \gamma_e \cdot \frac{\pi}{2}}{\gamma_e \cdot \frac{\pi}{2}}. \tag{11}$$

Zu dieser sinusförmigen Felderregerkurve mit dem Höchstwert Θ_{e1} müssen wir nun die Ankerfelderregerkurve mit dem Höchstwert Θ_{a1} hinzufügen, und zwar um den Winkel $90^0 + \psi_0$

im Sinne der Nacheilung dagegen verschoben (Bild 55). Dabei kann Θ_{a1} auch in die beiden Komponenten Θ_{g1} und Θ_{q1} nach den Gl. (9) zerlegt werden; doch ist dies nicht notwendig. Die resultierende Gesamt-Felderregung wollen wir Θ_{m1} nennen.

Praktisch rechnet man nicht mit dem Scheitelwert der Grundwelle der Felderregerkurve (Θ_{e1}), sondern mit der entsprechenden wirklichen Durchflutung der Erregerwicklung je Pol (Θ_e). Man kann dann auch die Ankerfelderregung und die

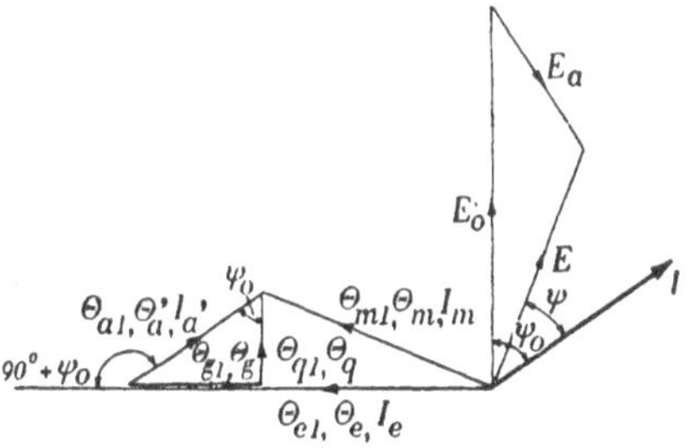

Bild 55. Zeigerdiagramm der erregenden Durchflutungen und der vom Hauptfeld induzierten Spannungen bei einer Vollpol-Maschine

resultierende Felderregung umrechnen nach der Proportion $\Theta_{e1} : \Theta_e = \Theta_{a1} : \Theta'_a = \Theta_{m1} : \Theta_m$. Man stellt sich dabei vor, daß an Stelle der Ankerdurchflutung eine gedachte Erregerwicklung mit derselben Verteilung wie die wirkliche Erregerwicklung und mit der Durchflutung Θ'_a vorhanden wäre. Man nennt

$$(12) \qquad \Theta'_a = \Theta_{a1} : \left(\frac{4}{\pi} \cdot \xi_e\right)$$

die auf die Erregerwicklung umgerechnete Durchflutung der Ankerwicklung und Θ_m die wirksame magnetisierende Durchflutung.

Auch die quer- und längsmagnetisierende Komponente der Ankerdurchflutung können auf die Erregerwicklung umgerechnet werden nach der Proportion $\Theta_{q1} : \Theta_q = \Theta_{g1} : \Theta_g = \Theta_{e1} : \Theta_e$. Aus den Gl. (9) folgt dann

$$(13) \qquad \Theta_g = \Theta'_a \cdot \sin \psi_0 \text{ und } \Theta_q = \Theta'_a \cdot \cos \psi_0.$$

Anstatt mit der Durchflutung Θ_e kann man auch mit dem Strom der Erregerwicklung I_e rechnen. Nach der Proportion $\Theta_a' : I_a' = \Theta_m : I_m = \Theta_e : I_e = w_e$ findet man dann den „auf die Erregerwicklung umgerechneten Ankerstrom"

$$I_a' = \Theta_a' : w_e \tag{14}$$

und den wirksamen Magnetisierungsstrom

$$I_m = \Theta_m : w_e \,. \tag{14a}$$

w_e ist die Windungszahl der Erregerwicklung je Pol.

Die Gegenerregung Θ_g oder $I_g = \Theta_g : w_e$ erreicht ihren Höchstwert, wenn $\sin \psi_0 = 1$, also $\psi_0 = 90^0$ ist. Dieser Höchstwert ist $\Theta_{g0} = \Theta_a'$ bzw. $I_{g0} = I_a'$.

Die vom gesamten Hauptfeld in der Ankerwicklung induzierte Spannung E kann aus der Leerlaufkennlinie als Funktion von I_m oder Θ_m entnommen werden.

Solange die Leerlaufkennlinie eine Gerade ist (ungesättigte Maschine), kann man die gesamte induzierte Spannung E aus den Komponenten E_0 (Leerlaufspannung) und E_a (Ankerspannung) geometrisch zusammensetzen. Die Ankerspannung E_a, die der Durchflutung Θ_a' oder dem Strom I proportional ist, kann dann als Spannungsabfall in einem Blindwiderstand $X_a = E_a : I$ aufgefaßt werden. Überträgt man diese Auffassung auf den Fall einer gesättigten Maschine (Leerlaufkennlinie gekrümmt), so sind die Spannungen E_0 und E_a nur noch fiktive Spannungen.

Im Zeigerdiagramm (Bild 55) pflegt man E_0 senkrecht auf I_e, also E_a senkrecht auf I_a' und E senkrecht auf I_m einzutragen. Dann kann man nämlich die Leerlaufkennlinie $E = f(I_m)$ mit einzeichnen und es wird I' parallel zu I. Man kann dann das Durchflutungsdreieck auch so zeichnen, daß I_a mit I zusammenfällt (Bild 61).

Bei **Schenkelpolmaschinen** ist die Erregerwicklung zwar in einer Spule konzentriert, also für alle Feldlinien voll wirksam, aber das Feld kann sich wegen der Pollücken nur unter dem Polbogen voll ausbilden. Ersetzt man die wirkliche Feldkurve (Bild 56) in üblicher Weise durch ein Rechteck mit der Breite $\alpha_i \cdot t_p$, wo α_i den ideellen Polbedeckungsfaktor bedeutet[1]), und berücksichtigt man von diesem Rechteckfeld mit der Höhe B nur die Grundwelle mit dem Scheitelwert $B_1 = B_{\max} \cdot \frac{4}{\pi} \cdot \sin \alpha_i \frac{\pi}{2}$, so würde man dieselbe Feldverteilung auch bei überall gleichem magnetischen Widerstand und bei einer sinusförmigen erregenden Durchflutung vom Scheitelwert

$$\Theta_{e1} = \Theta_e \cdot \frac{4}{\pi} \cdot \sin \alpha_i \frac{\pi}{2} \tag{15}$$

erhalten. Das Rechteckfeld von der Breite $\alpha_i \cdot t_p$ entspricht der Annahme, daß die magnetische Leitfähigkeit im Polzwischenraum auf dem Bogen $(1 - \alpha_i)\, t_p$ gleich Null ist und daß sie auf dem Bogen $\alpha_i \cdot t_p$ überall gleich groß ist, und zwar so groß, wie in Wirklichkeit nur in der Polmitte. Macht man dieselbe Annahme auch für das Ankerfeld, so können von dem Gegenfeld (Bild 57) und dem Querfeld (Bild 58) nur die durch Schraffur hervorgehobenen Teile wirklich entstehen. Die

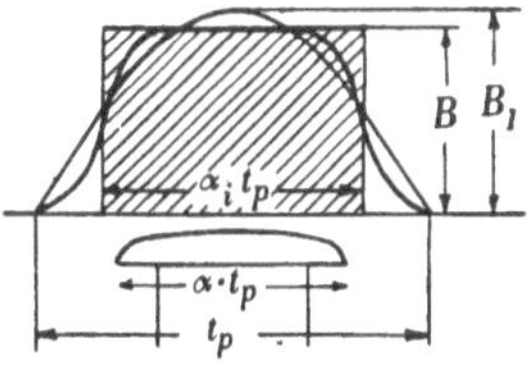

Bild 56. Polradfeld einer Schenkelpol-Maschine

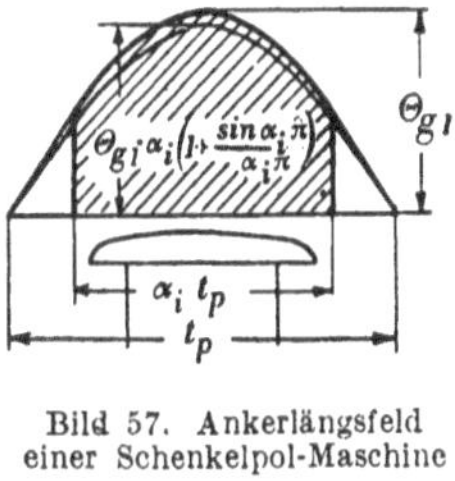

Bild 57. Ankerlängsfeld einer Schenkelpol-Maschine

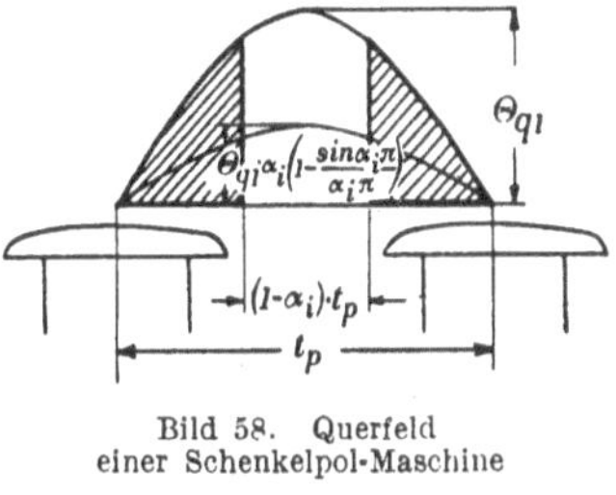

Bild 58. Querfeld einer Schenkelpol-Maschine

Grundwelle dieser übrigbleibenden Teile ist ebenso groß als wenn bei überall gleicher magnetischer Leitfähigkeit eine sinusförmig verteilte magnetische Spannung vorhanden wäre mit

[1]) Lit.-Verz. Nr. 6, Bd. I. S. 60/61.

dem Höchstwert $\Theta_{g1} \cdot \alpha_i \left(1 + \frac{\sin \alpha_i \pi}{\alpha_i \pi}\right)$ in der Polmitte und mit dem Höchstwert $\Theta_{q1} \cdot \alpha_i \left(1 - \frac{\sin \alpha_i \pi}{\alpha_i \pi}\right)$ im Polzwischenraum.

Ist Θ_g diejenige Erregerdurchflutung je Pol, die die Wirkung der längsmagnetisierenden Ankerdurchflutung aufhebt, so ist $\Theta_g \cdot \frac{4}{\pi} \cdot \sin \alpha_i \frac{\pi}{2} = \Theta_{g1} \cdot \alpha_i \left(1 + \frac{\sin \alpha_i \pi}{\alpha_i \pi}\right)$.

Ist Θ_q diejenige Erregerdurchflutung je Pol, die eine ebenso starke Grundwelle des Feldes erregen würde wie die quermagnetisierende Ankerdurchflutung, so ist ebenso

$$\Theta_q \cdot \frac{4}{\pi} \cdot \sin \alpha_i \frac{\pi}{2} = \Theta_{q1} \cdot \alpha_i \left(1 - \frac{\sin \alpha_i \pi}{\alpha_i \pi.}\right).$$

Die magnetische Wirkung des Ankerstromes ist also dieselbe, als ob die Erregerdurchflutung verkleinert wäre um den Betrag der „Gegendurchflutung"

$$\Theta_g = k_g \cdot \Theta_{a1} \cdot \sin \psi_0 \tag{16a}$$

und als ob in der Pollücke ein Pol vorhanden wäre, der erregt wäre mit der „Querdurchflutung"

$$\Theta_q = k_q \cdot \Theta_{a1} \cdot \cos \psi_0 . \tag{16b}$$

In diesen Formeln sind die Faktoren k_g (Gegenfeldfaktor oder Längsfeldfaktor) und k_q (Querfeldfaktor) zur Abkürzung für die folgenden Ausdrücke eingeführt:

$$k_g = \frac{\alpha_i \left(1 + \frac{\sin \alpha_i \pi}{\alpha_i \pi}\right)}{\frac{4}{\pi} \cdot \sin \alpha_i \frac{\pi}{2}} \tag{17a}$$

$$k_q = \frac{\alpha_i \left(1 - \frac{\sin \alpha_i \pi}{\alpha_i \pi}\right)}{\frac{4}{\pi} \cdot \sin \alpha_i \frac{\pi}{2}} \tag{17b}$$

Auch hier kann man wieder anstatt mit den Durchflutungen

mit dem Erregerstrom $I_e = \Theta_e : w_e$ und dementsprechend mit der Gegenerregung

(18) $$I_g = \Theta_g : w_e$$

rechnen.

Aus der Leerlaufkennlinie $E_0 = f(I_e$ oder $\Theta_e)$ erhält man die bei Belastung vom Hauptfeld induzierte Spannung, indem man vom Erregerstrom I_e die Gegenerregung I_g abzieht; der Rest ist maßgebend für die Längsfeldspannung E_l (Bild 59). I_g ist proportional sin ψ_0. ψ_0 ist der Winkel zwischen dem Ankerstrom I und der Leerlaufspannung E_0 bzw. der Längsfeldspannung E_l. Man kann I_g finden, indem man in der Richtung des Zeigers I den Betrag $I_{g0} = k_g \cdot \Theta_{a1} : w_e$ aufträgt, der dem Strom I proportional ist, und der den Höchstwert der Gegenerregung bedeutet, die bei diesem Strom auftreten kann (nämlich bei cos $\psi_0 = 0$). I_{g0} ist gleichbedeutend mit dem bei der Vollpolmaschine eingeführten „auf die Erregerwicklung umgerechneten Ankerstrom" und kann als Maß für den Ankerstrom selbst gelten. Projiziert man es auf die Abszissenachse (Erregerstromachse), so findet man die Gegenerregung I_g.

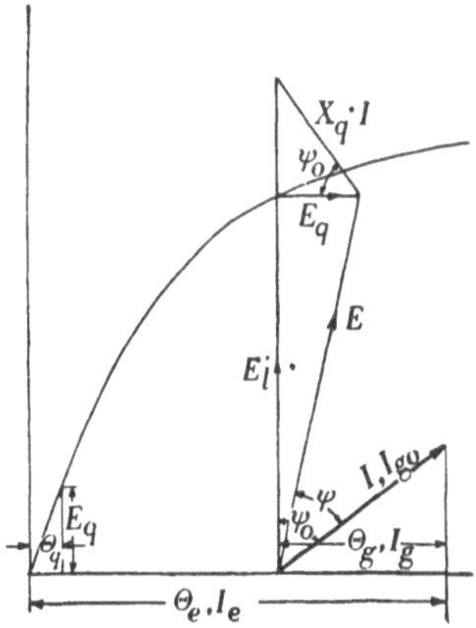

Bild 59. Zeigerdiagramm der vom Hauptfeld induzierten Spannungen bei einer Schenkelpol-Maschine

Die Querfeldspannung E_q entspricht der Erregung Θ_q. Sie ist rechtwinkelig zu E_l zu addieren, und zwar beim Generator im Sinne der Nacheilung (Bild 58). E_q ist der Querdurchflutung und damit dem Wirkstrom $I \cdot \cos \psi_0$ proportional:

(19) $$E_q = X_q \cdot I \cdot \cos \psi_0.$$

Den Proportionalitätsfaktor X_q nennt man den Querblindwiderstand. Die geometrische Summe von E_1 und E_q ist die gesamte vom Hauptfeld induzierte Spannung E. Will man E ebenso wie in Bild 55 aus einer Leerlaufspannung (in Richtung von E_l) und einer Ankerfeldspannung (in Richtung senkrecht auf I) zusammensetzen, dann ist die erstere Komponente nur eine fiktive Leerlaufspannung ohne praktische Bedeutung. Die andere Komponente dagegen ist $E_q : \cos \psi_0 = X_q \cdot I$ und bedeutet den Höchstwert der Querspannung, der beim Strom I auftreten kann, nämlich dann, wenn I auf die Längsspannung bezogen ein reiner Wirkstrom ist ($\cos \psi_0 = 1$).

6. Das Streufeld

Außer dem bisher betrachteten magnetischen Feld, dem Hauptfeld der Maschine, erregen sowohl der Ankerstrom wie der Erregerstrom je ein weiteres magnetisches Feld, das Streufeld. Daß tatsächlich bisher noch nicht die ganze magnetische Wirkung der elektrischen Durchflutungen erfaßt wurde, erkennt man am besten, wenn man sich den Fall vorstellt, daß $\cos \psi_0 = 0$ und $I_a' = - I_e$ bzw. $I_g = I_e$ ist. Denn dann müßte nach dem bisher Gesagten das magnetische Feld ganz verschwinden, während doch in Wirklichkeit, wie leicht einzusehen ist, durch die beiden in diesem Fall entgegengesetzt gerichteten Durchflutungen des Läufers und des Ständers ein Feld erregt wird, welches sich ähnlich wie das Streufeld eines Transformators[1]) durch den engen Raum zwischen den beiden Wicklungen hindurchdrängt. Der magnetische Widerstand dieses engen Raumes ist so groß, daß das Streufeld wenigstens bei normaler Belastung der Maschine, etwa bei Nennlast, immer wesentlich kleiner ist als das Hauptfeld. Es kann deshalb in den Eisenteilen keine Sättigung bewirken und ist proportional dem Strom, der es erregt.

Bei normalem Betrieb der synchronen Maschine hat das Läuferstreufeld, welches von einem Gleichstrom erregt wird, nur die Wirkung, daß es ebenso wie bei der Gleichstrommaschine[2]) die Induktion in den Polkernen und im Joch und damit den Erregerstrombedarf etwas erhöht. Diese Wirkung

---

[1]) W. Schäfer, Transformatoren, Slg. Göschen Bd. 952, S. 19.
[2]) Lit.-Verz. Nr. 6, Bd. I, S. 64.

ist im allgemeinen gering; sie soll im folgenden vernachlässigt werden. Anders wird das, sobald auch in der Erregerwicklung ein Wechselstrom oder ein abklingender Gleichstrom fließt, wie das bei Ausgleichsvorgängen, insbesondere beim Stoßkurzschluß (S. 72), der Fall ist. Dann wird durch das Läuferstreufeld eine Spannung in der Erregerwicklung induziert, die von wesentlicher Bedeutung für diese Ausgleichsvorgänge ist.

Das Ankerstreufeld, welches stets von einem Wechselstrom erregt wird, und daher im Takte dieses Wechselstromes pulsiert, induziert in der Ankerwicklung eine Spannung, die Streuspannung E_σ, die ebenso wie das Streufeld selbst dem Ankerstrom proportional ist und als Spannungsabfall in einem Blindwiderstand aufgefaßt werden kann:

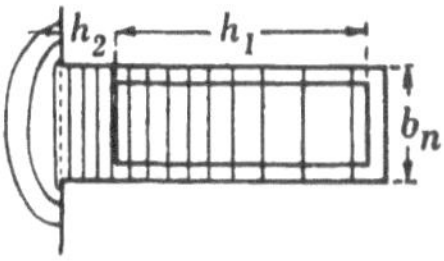

Bild 60. Nutenstreuung und Zahnkopfstreuung

$$(20) \qquad E_\sigma = X_\sigma \cdot I.$$

X_σ nennt man den Streublindwiderstand der Ankerwicklung.

Zur Berechnung zerlegt man das Streufeld des Ständers in einzelne Teile, nämlich das Nutenstreufeld, das Spaltstreufeld bzw. Zahnkopfstreufeld und das Stirnstreufeld. Das Nutenstreufeld verläuft quer über die einzelne Nut (Bild 60). Das Spaltstreufeld verläuft bei Vollpolmaschinen im Luftspalt zwischen Ständer und Läufer, teils mit Benützung des Läufereisens (Zickzackstreufeld), teils ohne dieses zu berühren (Zahnkopfstreufeld). Bei Schenkelpolmaschinen fällt das Zickzackstreufeld weg, weil im Polzwischenraum kein Läufereisen vorhanden ist. Das Stirnstreufeld endlich umschlingt die Stirnverbindungen (Wickelköpfe).

Man berechnet nun beispielsweise für die Nutenstreuung den magnetischen Fluß je cm Nutenlänge und setzt dabei die Feldlinien, die nicht mit allen Windungen der Nut verkettet sind, mit entsprechend verringerter Anzahl in die Rechnung ein, so daß man einen ideellen, scheinbar mit allen Windungen der Nut verketteten, Streufluß erhält. Dieser ist der Nutdurchflutung proportional. Den Wert, der sich für die Nutdurchflutung 1 Amp. ergibt, nennt man den magnetischen Leitwert der Nutenstreuung (oder die Nutenstreuinduktivität) je cm Nutenlänge. Man bezeichnet ihn mit λ_n. In derselben Weise berechnet man auch magnetische Leitwerte für die Zahnkopfstreuung (λ_k), für die Zickzackstreuung (λ_z), beide ebenfalls je cm Nutenlänge, und für die Stirnstreuung (λ_s), diese je cm Länge der Stirnverbindungen.

Formeln für die magnetischen Leitwerte können hier nicht für alle vorkommenden Fälle angegeben werden. Hier muß auf die Spezialliteratur[1]) verwiesen werden. Nur um einen Überblick über die Größenordnung zu ermöglichen, seien Näherungsformeln für die einfachsten Fälle hier zusammengestellt:

Für eine offene Nut nach Bild 60 ist mit den dort eingetragenen Bezeichnungen

$$(21) \qquad \lambda_n = \frac{4\pi}{10}\left(\frac{h_1}{3b_n} + \frac{h_2}{b_n}\right)\cdot 10^{-8}.$$

Für die Zahnkopfstreuung und die Zickzackstreuung ist angenähert

$$(22) \qquad \lambda_k = 0{,}4 \ln\,(t_n/b_s)\cdot 10^{-8}$$

$$(23) \qquad \lambda_z = \frac{4\pi}{10}\cdot\frac{t_n - b_s}{12\cdot\delta\cdot k_C}\cdot\left(1 - \frac{1}{2}\frac{b_s}{t_n}\right)\cdot 10^{-8}.$$

Hier bedeutet t_n die Nutenteilung, b_s die Nutenöffnung, δ den Luftspalt und k_C den Carter'schen Faktor[2]).

Für die Stirnstreuung kann man folgende Näherungswerte annehmen: Für Einphasenwicklungen

$$(24\text{a}) \qquad \lambda_s = 0{,}18\cdot q\cdot 10^{-8}$$

Für Dreiphasenwicklungen, bei denen die Verbindungen aus einer Zone der Wicklung nach beiden Seiten auseinanderlaufen, also für Dreietagenwicklungen nach Bild 29, und ebenso bei Wicklungen mit Spulen gleicher Weite oder Stabwicklungen mit gleichmäßig verteilten Verbindungen nach Bild 34 bis 36 und Bild 39

$$(24\text{b}) \qquad \lambda_s = 0{,}27\cdot q\cdot 10^{-8}.$$

Für Dreiphasenwicklungen, bei denen die Verbindungen aus

[1]) Lit.-Verz. Nr. 2, S. 207 ff.
[2]) Lit.-Verz. Nr. 6, Bd. I, S. 62.

einer Zone der Wicklung alle nach derselben Seite abbiegen, also Zweietagenwicklungen nach Bild 30 und 31, ebenso bei Stabwicklungen mit zusammengedrängten Verbindungen nach Bild 38

$$(24\text{c}) \qquad \lambda_s = 0{,}36 \cdot q \cdot 10^{-8}.$$

Aus diesen magnetischen Leitwerten errechnet man dann den Streublindwiderstand eines Ankerwicklungsstranges nach der Formel

$$(25) \qquad X_\sigma = 2\pi f \cdot \frac{w^2}{p \cdot q} \cdot [2L(\lambda_n + \lambda_k + \lambda_z) + 2L_s \cdot \lambda_s].$$

Hier bedeutet L die Länge einer Spulenseite (Eisenlänge der Maschine) und L_s die mittlere Länge der Stirnverbindungen.

Danach kann auch die Streuspannung nach Gl. (20) berechnet werden.

7. Das vollständige Zeigerdiagramm der synchronen Maschine

Schon in Bild 55 und Bild 59 waren Zeigerdiagramme für die erregenden Durchflutungen und die vom Hauptfeld induzierten Spannungen gezeigt worden. Um ein vollständiges Zeigerdiagramm zu erhalten, muß man nur noch die im vorigen Abschnitt erörterte Streuspannung $X_\sigma \cdot I$ und endlich die Ohmsche Spannung in der Ständerwicklung $R_a \cdot I$ hinzufügen. So erhält man für Vollpolmaschinen das Zeigerdiagramm Bild 61 und für Schenkelpolmaschinen das Zeigerdiagramm Bild 62. Die beiden Zeigerdiagramme unterscheiden sich dadurch, daß bei der Vollpolmaschine die gesamte vom Hauptfeld induzierte Spannung E durch die Leerlaufkennlinie mit dem wirksamen Magnetisierungsstrom I_m verknüpft ist, während bei der Schenkelpolmaschine die Hauptfeldspannung E in die beiden Komponenten E_l und E_q (Längsfeldspannung und Querfeldspannung) zerlegt werden muß, und nur die Längsfeldspannung durch die Leerlaufkennlinie mit der wirksamen Längsfelderregung $I_{ml} = I_e - I_g$ verknüpft ist.

Beide Zeigerdiagramme sind für Stromerzeuger gezeichnet. In diesem Fall ist

$$\tilde{E} - j \cdot X_\sigma \cdot \tilde{I} - R_a \cdot \tilde{I} = \tilde{U}. \tag{26}$$

Hier bedeutet E die vom Hauptfeld induzierte Spannung, U die Klemmenspannung. Die $\sim$ Zeichen über den Buchstaben bedeuten, daß die einzelnen Spannungen nicht algebraisch sondern geometrisch zu summieren sind. Das Zeichen j bedeutet eine Verdrehung um 90^0 im Sinne der Voreilung.

Der Phasenverschiebungswinkel zwischen der Klemmenspannung U und dem Strom I (äußerer Phasenverschiebungswinkel) ist wie üblich mit φ bezeichnet. Er darf nicht verwech-

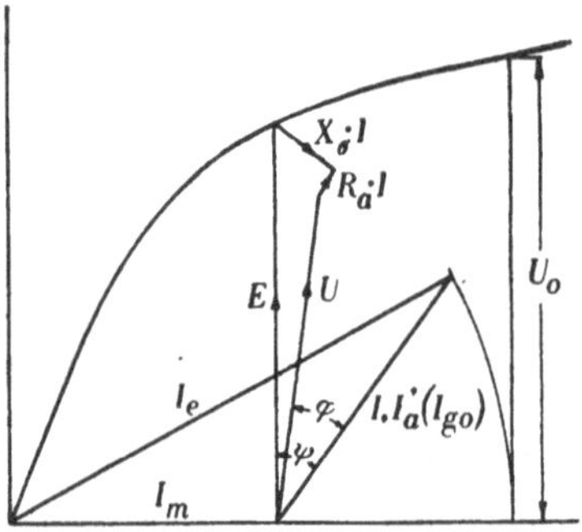

Bild 61. Vollständiges Zeigerdiagramm der Vollpol-Maschine

selt werden mit dem inneren Phasenverschiebungswinkel ψ zwischen der Hauptspannung E und dem Strom I oder mit dem auf die Längsfeldspannung E_l bezogenen Phasenverschiebungswinkel ψ_0. Bei den theoretischen Erörterungen der vorhergehenden Abschnitte mußten wir von dem Winkel ψ_0 ausgehen.

Bei der praktischen Anwendung des Zeigerschaubildes ist meist U, I und $\cos\varphi$ gegeben. Man kann dann von U ausgehend $R_a \cdot I$ und $X_\sigma \cdot I$ anfügen und erhält E. Bei der Vollpolmaschine entnimmt man dann aus der Leerlaufkennlinie den zugehörigen Magnetisierungsstrom I_m. Fügt man hierzu unter dem Winkel $90^0 + \psi$ den auf die Erregerwicklung umgerechneten Ankerstrom I_a, so erhält man den erforderlichen Erregerstrom I_e und die ihm entsprechende wirkliche Leerlaufspannung U_0, die nicht mit der in Bild 55 eingezeichneten fiktiven Leerlaufspannung E_0 verwechselt werden darf.

Bei der Schenkelpolmaschine dagegen muß E in E_l und E_q zerlegt werden. Zu diesem Zweck trägt man senkrecht zum Strom I, in der Verlängerung von $X_\sigma \cdot I$ den Höchstwert der Querspannung $X_q \cdot I$ auf, wie Bild 62 zeigt. Der Endpunkt dieser Strecke liegt in der Verlängerung von E_l. Damit ist die

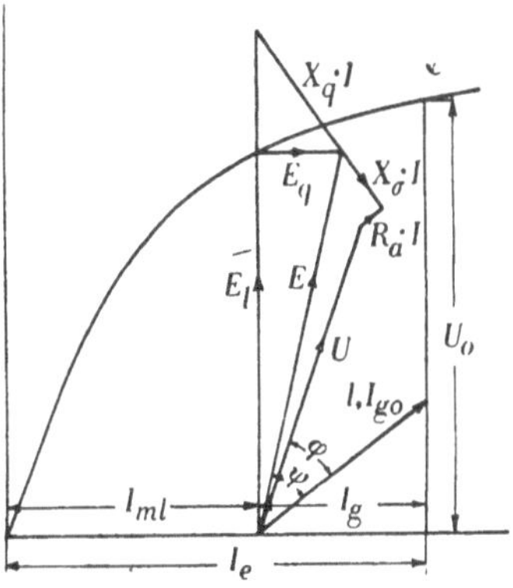

Bild 62. Vollständiges Zeigerdiagramm der Schenkelpol-Maschine

Zerlegung durchgeführt und es ergibt sich E_q ohne vorherige Kenntnis des Winkels ψ_0, von dem es doch nach Gl. (19) abhängig ist. Gleichzeitig ergibt sich E_l. Den dazugehörigen Magnetisierungsstrom I_{ml} entnimmt man aus der Leerlaufkennlinie. Trägt man endlich in der Richtung des Stromes I den Höchstwert der Gegenerregung I_{g0} auf, so erhält man als Projektion dieser Strecke auf die Erregerstromachse die wirkliche Gegenerregung I_g und den erforderlichen Erregerstrom I_e, und damit auch die Leerlaufspannung U_0.

Ist das Zeigerdiagramm für Nennlast der Maschine gezeichnet, so ist $U_0 - U$ die „Spannungsänderung“ des Stromerzeugers. Sie soll nach den REM[1]) bei $\cos\varphi = 0{,}8$ nicht größer sein als 50% der Nennspannung.

Bild 63 ist das Zeigerdiagramm eines Synchron-Motors. Hier ist

$$\tilde{E} - j \cdot X_\sigma \cdot \tilde{I} - R_a \cdot \tilde{I} + \tilde{U} = 0. \tag{26a}$$

Auch dieses Zeigerdiagramm ist für eine übererregte Maschine

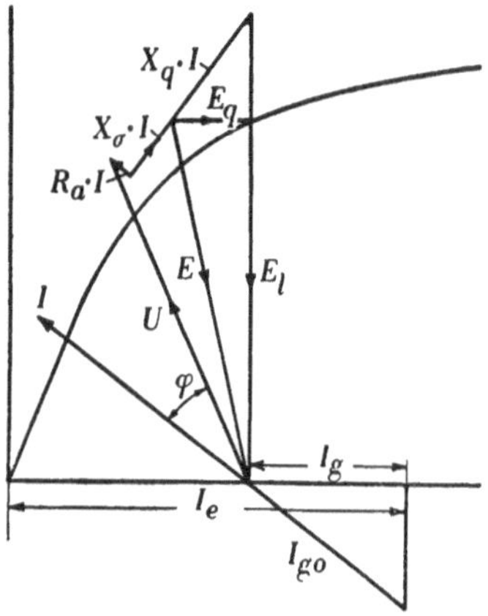

Bild 63. Vollständiges Zeigerdiagramm eines Synchron-Motors (Schenkelpol-Maschine)

gezeichnet. Übererregung bedeutet aber beim Motor die Aufnahme eines voreilenden Stromes.

8. Blindlast und Kurzschluß

a) Blindlast. Bei reiner Blindlast ($\cos\varphi = 0$) fällt die Querspannung weg. Damit verschwindet der Unterschied zwischen dem Zeigerdiagramm der Vollpolmaschine und dem der Schenkelpolmaschine. Der Strom I oder I_{go} in Bild 61 und 62 fällt in die Erregerstromachse. Zwischen I_m und I_{ml} (Bild 61 u. 62) braucht nicht mehr unterschieden zu werden.

[1]) Lit.-Verz. Nr. 7 § 72.

Die Streuspannung fällt in die Richtung der Hauptfeldspannung, die jetzt mit der Längsfeldspannung identisch ist; die Ohmsche Spannung dagegen steht senkrecht auf diesen Spannungen. Auf die Größe der Klemmenspannung hat deshalb die Ohmsche Spannung keinen Einfluß, besonders bei größeren Maschinen, bei denen die Ohmsche Spannung ohnehin klein ist.

Das Zeigerdiagramm kann jetzt in der vereinfachten Form

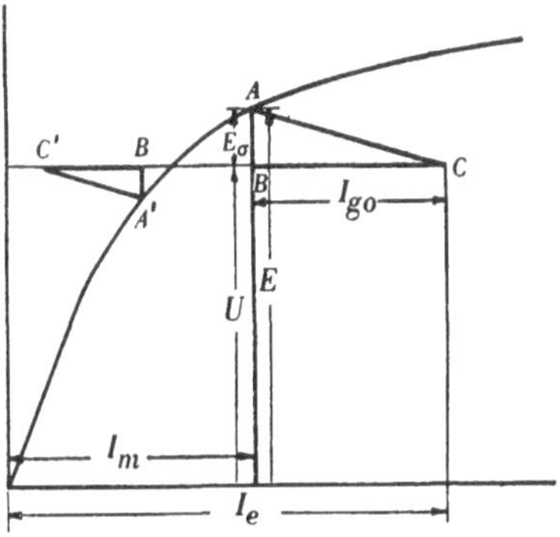

Bild 64. Diagramm für Blindlast

von Bild 64 gezeichnet werden. Von dem Punkt A der Leerlaufkennlinie ausgehend, erhält man die Klemmenspannung U, indem man die Streuspannung E_σ von der Hauptfeldspannung E abzieht. Man erhält weiter die erforderliche Erregung I_e, indem man die Gegenerregung I_{g0} zum wirksamen Magnetisierungsstrom I_m addiert. Ein rechtwinkeliges Dreieck $A\ B\ C$ mit den Seiten E_σ und I_{g0} („Potier-Dreieck") führt also von dem Punkt A der Leerlaufkennlinie bis zum Punkt C, der bei der angenommenen Belastung die Klemmenspannung und die Erregung angibt. Die beiden Seiten des Potier-Dreiecks sind dem Strom proportional; sie werden vorzugsweise für den Nennstrom angegeben.

Soll ein Stromerzeuger voreilenden Strom abgeben (kapazitive Belastung), dann nimmt das Potier-Dreieck in Bild 64 die Lage A' B' C' an. Die erforderliche Erregung wird jetzt sehr klein, und zwar bei modernen Maschinen auch schon bei Strömen, die wesentlich kleiner sind als der Nennstrom. Dies vermindert die Stabilität der Maschine (s. S. 80). Praktisch kommt dieser Fall vor, wenn ein Stromerzeuger ein wenig belastetes großes Netz, insbesondere ein Kabelnetz, unter Spannung halten muß, wozu große Ladeströme erforderlich sind.

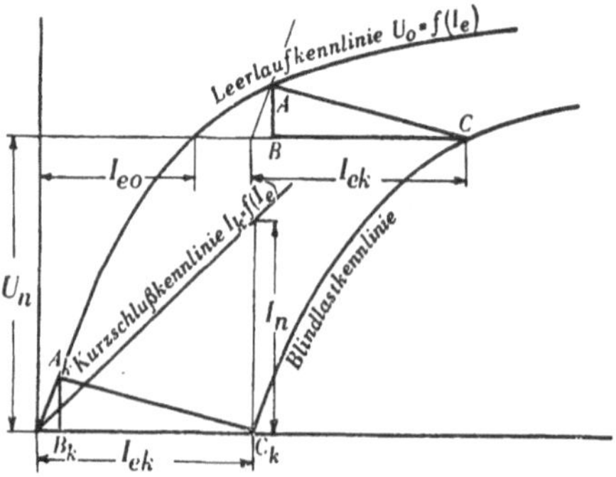

Bild 65. Kennlinien für Blindlast und Kurzschluß

Die Ladeleistungsfähigkeit einer Maschine ist im allgemeinen wesentlich kleiner als die Leistungsfähigkeit bei Wirklast oder bei induktiver Blindlast.

Verschiebt man das für Nennstrom gültige Potier-Dreieck längs der Leerlaufkennlinie, so beschreibt der Punkt C eine Kurve, aus der die erforderliche Erregung bei jeder beliebigen Spannung, aber bei konstanter Belastung mit dem Nennstrom und mit $\cos\varphi = 0$ zu entnehmen ist (Blindstromkennlinie, Bild 65).

b) Kurzschluß. Der Kurzschluß ist als ein Sonderfall der Blindlast zu betrachten. Bei Kurzschluß rückt die Grundlinie des Potier-Dreiecks (A_k B_k C_k) auf die Abszissenachse. Die bei Kurzschluß erforderliche Erregung ist ebenso wie die beiden Seiten des Potier-Dreiecks dem Strom proportional bis zu

Strömen, die weit über dem Nennstrom liegen. Trägt man den Strom bei Kurzschluß abhängig von der Erregung auf, so erhält man die Kurzschlußkennlinie (Bild 65), die demnach eine gerade Linie ist. Die bei Kurzschluß und Nennstrom I_n erforderliche Erregung I_{ek} wollen wir als „Kurzschlußerregung“ im engeren Sinn bezeichnen. Ebenso bezeichnen wir die bei Leerlauf und Nennspannung U_n erforderliche Erregung I_{e0} als „Leerlauferregung“ im engeren Sinne. Die bei einer beliebigen Blindlast erforderliche Erregung ist, wie man aus Bild 65 sieht, nur wenig größer als die Summe aus der der Spannung entsprechenden Leerlauferregung und der dem Blindstrom entsprechenden Kurzschlußerregung, bei Nennspannung und Nennstrom also nicht viel größer als $I_{e0} + I_{ek}$.

Das Verhältnis der Leerlaufspannung U_0 zum Kurzschlußstrom I_k bei der gleichen Erregung I_e kann man auch als einen Blindwiderstand auffassen (Kurzschluß-Blindwiderstand). Da nur I_k, nicht aber U_0 dem Erregerstrom I_e proportional ist, so ist der Kurzschluß-Blindwiderstand veränderlich. Als Kurzschluß-Blindwiderstand im engeren Sinn bezeichnet man den bei der Nennspannung, also beim Erregerstrom I_{e0} gültigen Wert:

(27) $$X_k = U_n : I_{k0}.$$

Das Verhältnis der Leerlauferregung I_{e0} zur Kurzschlußerregung I_{ek} ist maßgebend für das Verhalten der Maschine bei Blindlast und Kurzschluß. Man nennt es das Kurzschlußverhältnis. Bezeichnet man den Kurzschlußstrom bei der Leerlauferregung mit I_{k0}, so ist das Kurzschlußverhältnis

(28) $$k = I_{e0} : I_{ek} = I_{k0} : I_n.$$

Das Kurzschlußverhältnis eines Stromerzeugers soll weder zu groß noch zu klein sein. Ist es zu klein, dann hat die Maschine einen großen Spannungsabfall und insbesondere eine geringe Ladeleistungsfähigkeit. Ist es dagegen zu groß, dann wird der Kurzschlußstrom bei voller Erregung recht groß. Im Anfang der Entwicklung, als die selbsttätigen Spannungsregler noch nicht so allgemein verbreitet waren wie heute, verlangte man einen geringen Spannungsabfall und deshalb ein großes

Kurzschlußverhältnis ($k = 3\,..\,4$). Heute dagegen, wo die Spannungsänderung durch Schnellregler ausgeglichen wird und nur die Ladeleistungsfähigkeit das Kurzschlußverhältnis nach unten begrenzt, wo aber andererseits der Kurzschlußstrom eine viel größere Bedeutung hat als früher, weil gewaltige Maschinenleistungen in einem Kraftwerk oder doch in einem großen Netz zusammenarbeiten, verlangt man ein kleines Kurzschlußverhältnis. Man kann heute etwa den Wert $k = 0{,}7$ als normal betrachten.

Durch Wahl des Luftspaltes kann ein beliebiges Kurzschlußverhältnis erreicht werden. Ein großer Luftspalt gibt großes I_{e0} und damit großes Kurzschlußverhältnis. Andererseits wird durch die erhöhte Ausnützung der modernen Maschinen gegenüber älteren Ausführungen die Ankerdurchflutung und damit die Kurzschlußerregung I_{ek} stark vergrößert. Deshalb haben moderne Maschinen trotz des kleinen Kurzschlußverhältnisses immer noch verhältnismäßig große Luftspalte.

c) Stoßkurzschluß. Wenn man im Prüffeld einen Kurzschlußversuch macht, dann werden vor dem Versuch die Maschinenklemmen kurzgeschlossen und dann erst wird die Maschine erregt. Dabei wächst der Kurzschlußstrom gleichzeitig mit dem Erregerstrom an. Die erregende Durchflutung wird stets durch die Gegendurchflutung des Kurzschlußstromes zum größten Teil aufgehoben und nur ein kleiner Rest ($I_{ek} - I_{g0}$ in Bild 65) bleibt übrig, um einen magnetischen Fluß zu erregen und durch diesen eine kleine Spannung in der Ankerwicklung zu induzieren. Diese kleine Spannung wird dann durch die Streuspannung aufgehoben.

Wenn aber bei einer mit voller Spannung laufenden Maschine plötzlich ein Kurzschluß entsteht, wie das im Kraftwerksbetrieb etwa durch einen Überschlag an einem Isolator oder durch andere ungewollte Zufälle vorkommt, dann ist in der Maschine der volle magnetische Fluß vorhanden. Dieser Fluß sollte durch den Kurzschlußstrom bis auf einen kleinen Rest beseitigt werden. Er kann aber nicht plötzlich verschwinden, denn auch schon durch sein allmähliches Verschwinden wird in der Erregerwicklung eine Spannung $-w_e \cdot \frac{d\Phi}{dt}$ induziert, die den Fluß aufrecht zu halten sucht, die also den Erregerstrom vergrößert. Tatsächlich bleibt der Fluß im ersten Augenblick in voller Größe bestehen und der Erregerstrom steigt soweit an, daß er trotz der sofort einsetzenden Gegenerregung den Fluß aufrecht erhalten kann. Mit dem Fluß bleibt auch die volle vom Hauptfeld induzierte Spannung E, und die

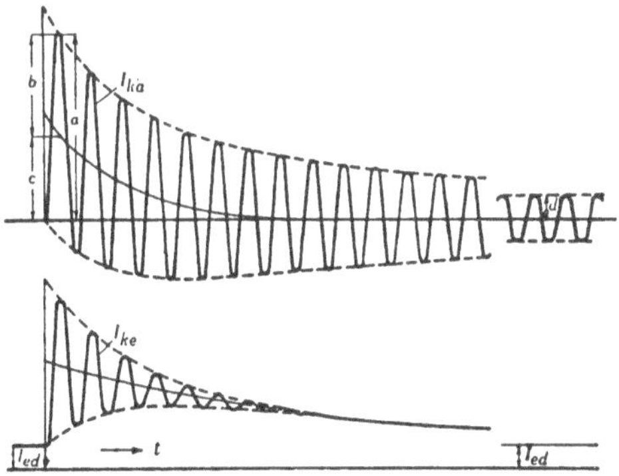

Bild 66. Stromverlauf bei Stoßkurzschluß

Streuspannung E_σ muß ebenso groß werden wie diese, weil ja die Klemmenspannung $U = 0$ ist.

Der Kurzschlußstrom nimmt also sogleich beim Einsetzen des Kurzschlusses einen sehr hohen Wert an, den man „Stoßkurzschlußstrom" nennt. Dann aber wird er rasch wieder kleiner und nach wenigen Sekunden erreicht er den aus der Kurzschlußkennlinie zu entnehmenden „Dauerkurzschlußstrom". Gleichzeitig mit dem Stoßkurzschlußstrom in der Ständerwicklung erreicht auch der Strom in der Erregerwicklung ein Vielfaches des vorher eingestellten Wertes, um dann ebenso rasch wieder bis auf diesen Dauerstrom abzuklingen (Bild 66).

Der Stoßkurzschlußstrom ist nur durch die Streuung bedingt, während der Dauerkurzschlußstrom nach Bild 65 in erster Linie durch die Ankerrückwirkung (Gegenerregung) begrenzt wird. Maßgebend ist hier die gesamte Streuung zwischen Ankerwicklung und Erregerwicklung, also die Summe aus Ständerstreuung und Läuferstreuung. Bei Maschinen mit Dämpferwicklung tritt jedoch die Dämpferwicklung an Stelle der Erregerwicklung, da auch sie den mit ihr verketteten Fluß festhält. In diesem Fall rechnet man als Ständerstreuung den ganzen Streufluß, der zwischen Ständerwicklung und Dämpferwicklung verläuft,. als Läuferstreuung dagegen den Fluß zwischen Erregerwicklung und Dämpferwicklung. Deshalb ist in diesem Fall der Stoßkurzschlußstrom nur durch die Ständerstreuung bedingt.

Auch die kurzgeschlossene Ankerwicklung hält den bei Beginn des Kurzschlusses mit ihr verketteten magnetischen Fluß fest. Dieser vom Anker festgehaltene Fluß bewegt sich relativ zum Polrad und induziert deshalb einen Wechselstrom in der Erregerwicklung, während er von einem Gleichstrom in der Ankerwicklung aufrecht erhalten wird (Bild 66). Durch diesen Gleichstrom wird der gesamte Stoßkurzschlußstrom noch weiter vergrößert. Er soll nach den REM [1]) das 15fache des Nennstromes nicht überschreiten, wobei Scheitelwerte verglichen werden, weil vom Scheitelwert die Stromkraft (s. S. 27) abhängt.

Wenn nach dem Eintritt eines Kurzschlusses die Erregung des Generators weggenommen, d. h. die Spannung der Erregermaschine auf Null gebracht oder doch stark verkleinert wird, dann verschwindet der magnetische Fluß des Generators auch nicht rascher, aber der Dauerkurzschlußstrom wird kleiner. Um die Entregung des Generators zu beschleunigen, wird vielfach ein Widerstand in den Erregerstromkreis eingeschaltet oder die Erregermaschine wird umgepolt (Schnellentregung). Doch darf man den Widerstand auch nicht zu groß wählen, weil sonst eine gefährliche Spannung an den Klemmen der Erregerwicklung entstehen kann. Den Stoßkurzschlußstrom kann man auch dadurch nicht verkleinern.

---

[1]) Lit.-Verz. Nr. 7 § 47.

9. Die Winkelabweichung des Polrades

Bei reiner Blindlast ($\cos\varphi = 0$) fiel die Richtung der Klemmenspannung U zusammen mit der der Hauptfeldspannung E und auch mit der der fiktiven Leerlaufspannung E_0 (Bild 55) oder der Längsfeldspannung E_l (Bild 59). Bei Wirklast dagegen entsteht ein Winkel zwischen U und E_l. Wir bezeichnen diesen Winkel mit β und nennen ihn die Winkelabweichung des Polrades.

Wenn wir die Ohmsche Spannung vernachlässigen, dann ist U die geometrische Summe aus den Spannungen, die durch das Längsfeld, das Querfeld und das Streufeld induziert werden. Wir können diese drei magnetischen Felder zu einem Gesamtfeld zusammengefaßt denken. Die Phasenlage von U ist dann abhängig von der räumlichen Lage dieses Gesamtfeldes, während die Phasenlage von E_l durch die räumliche Lage des Längsfeldes allein, also die der Pole bestimmt ist. Sind U und E_l nicht phasengleich, dann bedeutet das, daß der Schwerpunkt des Gesamtfeldes nicht mehr mit der Polachse zusammenfällt. Der Winkel β zwischen Klemmenspannung und Längsfeldspannung ist also gleichzeitig die Winkelabweichung zwischen Polrad und Gesamtfeld oder zwischen dem wirklichen Polrad und einem „ideellen" („synchronen") Polrad, d. h. dem Polrad einer an das gleiche Netz angeschlossenen leerlaufenden Maschine. Wir messen die Winkelabweichung in „elektrischen Graden", d. h. wir setzen eine Polteilung $= 180^0$. Der räumliche Winkel zwischen dem wirklichen Polrad und dem synchronen Polrad ist dann $\beta : p$ (vgl. S. 40).

Bei einem Stromerzeuger eilt das Polrad (E_l) dem Gesamtfeld (U) voraus (Bild 62). Das durch den Ankerstrom entwickelte Drehmoment wirkt beim Stromerzeuger dem der Antriebsmaschine entgegen. Es ist also ein bremsendes Drehmoment und sucht das vorausgeeilte Polrad in die „synchrone Lage", d. h. die Lage des synchronen Polrades zurückzuführen. Beim Motor (Bild 63) ist es umgekehrt. Das Polrad bleibt zurück und das durch den Ankerstrom entwickelte Drehmoment sucht es in der Richtung zur synchronen Lage hin vorzutreiben. In beiden Fällen also hat das Polrad unter dem Einfluß des in der Maschine entwickelten Drehmomentes das Bestreben, in der synchronen Lage zu bleiben und nur das Antriebsmoment beim Stromerzeuger oder das Lastmoment beim Motor bringt es um einen gewissen Winkel aus dieser synchronen Lage heraus. Das in der Maschine selbst entwickelte Drehmoment („elektrisches Drehmoment“) sucht das Polrad stets in die synchrone Lage zurückzuführen. Man nennt es deshalb auch das „synchronisierende Drehmoment“.

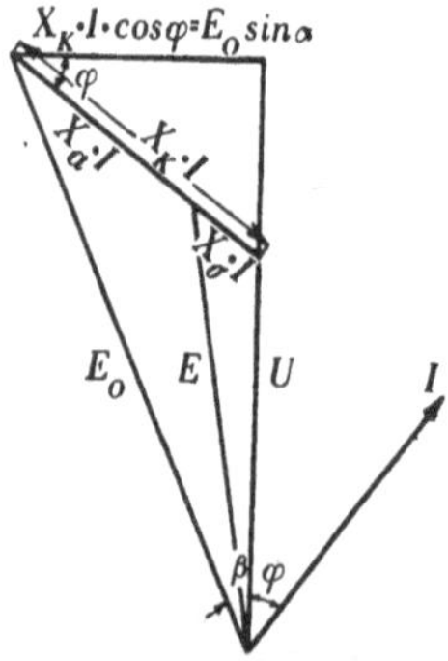

Bild 67.
Vereinfachtes Zeigerdiagramm

Wir wollen die Winkelabweichung β positiv rechnen, wenn E_l gegenüber U voreilt, also beim Stromerzeuger (Bild 62), negativ, wenn U gegenüber E_l voreilt, also beim Motor (Bild 63). Dann ist

$$(29) \qquad \beta = \psi_0 - \varphi.$$

Dabei ist vorausgesetzt, daß ψ_0 und φ positiv gerechnet werden, wenn der Strom gegenüber der Spannung nacheilt, also beim übererregten Generator oder beim untererregten Motor.

Die Winkelabweichung ist maßgebend für die Leistung der Maschine. Um dies zu begründen, gehen wir von dem Zeigerdiagramm der Vollpolmaschine aus. Für die Schenkelpolmaschine gilt aber im wesentlichen das gleiche. Wenn wir nach Bild 55 die Hauptfeldspannung E in die Ankerspannung $E_a = X_a \cdot I$ und in die fiktive Leerlaufspannung E_0 zerlegen, und wenn wir die Ohmsche Spannung vernachlässigen, dann erhalten wir das vereinfachte Zeigerdiagramm (Bild 67). Wir können hier die beiden dem Strom I proportionalen Spannungen $X_a \cdot I$ und $X_\sigma \cdot I$ zusammenfassen. Die Summe aus dem Ankerblindwiderstand X_a und dem Streublindwiderstand X_σ ist, wenn die Maschine mit Nennspannung arbeitet, der oben (S. 71) definierte Kurzschlußblindwiderstand X_k.

Die fiktive Leerlaufspannung E_0 ist nach Bild 55

$$(30) \qquad E_0 = E \cdot \frac{I_e}{I_m}.$$

Ist die Streuspannung nicht allzu groß, dann arbeitet die Maschine bei konstanter Spannung (es sei die Nennspannung) mit fast konstantem magnetischen Fluß. Man kann dann die gekrümmte Leerlaufkennlinie durch eine gerade Linie ersetzen, wenn diese durch den Punkt der Nennspannung (U_n, I_{e0}) geht. Es ist also angenähert $E : U_n = I_m : I_{e0}$ und die fiktive Leerlaufspannung ist auch

(30a) $$E_0 = U_n \cdot \frac{I_e}{I_{e0}}.$$

Die Spannung $X_k \cdot I$ verbindet jetzt die Endpunkte der Zeiger U und E_0. Fällt man vom Endpunkt des letzteren Zeigers ein Lot auf U, dann hat dieses die Länge $X_k \cdot I \cdot \cos\varphi$; es ist also dem Wirkstrom $I \cdot \cos\varphi$ proportional. Gleichzeitig ist dieses Lot aber auch gleich $E_0 \cdot \sin\beta$. Daraus folgt für die von der Maschine abgegebene elektrische Leistung

$$N = m \cdot U \cdot I \cdot \cos\varphi^{1)} = m \cdot U \cdot \frac{U_n}{X_k} \cdot \frac{I_e}{I_{e0}} \cdot \sin\beta.$$

Bezeichnen wir mit I_k den Kurzschlußstrom bei der Erregung I_e, also $I_k = I_{k0} \cdot \frac{I_e}{I_{e0}} = \frac{U_n}{X_k} \cdot \frac{I_e}{I_{e0}}$, dann ist auch

(31) $$N = m \cdot U \cdot I_k \cdot \sin\beta.$$

Bei konstanter Spannung und konstanter Erregung erreicht die Leistung einen Höchstwert, wenn $\sin\beta = 1$, also $\beta = 90^0$. Dieser Höchstwert ist

(31a) $$N_k = m \cdot U \cdot I_k.$$

Aus Gl. (31) folgt dann auch

(31b) $$N = N_k \cdot \sin\beta.$$

Der Fall einer konstanten Spannung liegt vor, wenn eine Maschine an ein Netz mit fester Spannung angeschlossen ist, sei es, daß sie als Stromerzeuger auf das Netz arbeitet

---

[1]) m ist die Strangzahl der Ständerwicklung, für eine dreiphasige Maschine also $m = 3$. Setzt man für U nicht die Strangspannung, sondern bei Sternschaltung die verkettete Spannung ein, und für I nicht den Strom in einem Wicklungsstrang, sondern bei Dreieckschaltung den äußeren Leiterstrom, dann ist an Stelle von $m = 3$ nur noch $\sqrt{3}$ einzusetzen. Es ist dann $N = \sqrt{3} \cdot U\,I \cdot \cos\varphi$.

oder daß sie als Motor aus ihm gespeist wird. In beiden Fällen kann also die Leistung nicht über den durch Gl. (31a) angegebenen Höchstwert anwachsen. Da die Drehzahl einer synchronen Maschine konstant ist, so ist damit gleichzeitig auch ein Höchstwert des Drehmomentes verbunden. Wird ein Motor mit einem höheren Drehmoment belastet, so kann er dies auf keine Weise bewältigen; er wird verzögert und „fällt aus dem Tritt". Auch ein Stromerzeuger, der mit einem höheren Drehmoment angetrieben wird, kann dies nicht aufnehmen. Er wird beschleunigt und fällt ebenfalls aus dem Tritt, d. h. er geht durch. Wir nennen dieses höchste Drehmoment der synchronen Maschine das Kippmoment und die entsprechende Leistung N_k (Gl. 31a) die Kippleistung.

Aus dem Spannungszeigerdiagramm (Bild 67) läßt sich ein Stromzeigerdiagramm gewinnen, indem man die drei Spannungen E_0, U und $X_k \cdot I$ durch den Kurzschluß-Blindwiderstand X_k dividiert. Dadurch entsteht aus der Klemmenspannung U_n der Kurzschlußstrom bei der Leerlauferregung $I_{k0} = U_n : X_k$, aus der fiktiven Leerlaufspannung $E_0 = U_n \cdot \frac{I_e}{I_{e0}}$ der Kurzschlußstrom bei der tatsächlich eingestellten Erregung $I_k = I_{k0} \cdot \frac{I_e}{I_{e0}}$ und aus der Spannung $X_k \cdot I$ der Ankerstrom I (Bild 68). Da im Spannungsdiagramm die Spannung $X_k \cdot I$ auf dem Strom I senkrecht steht, so steht jetzt auch $I_{k0} = U_n : X_k$ senkrecht auf U_n. In der Richtung von I_{k0} erscheinen also die Blindströme und in der Richtung senkrecht darauf die Wirkströme.

Bei einer Maschine, die an ein Netz mit fester Spannung (Nennspannung) angeschlossen ist, ist der Strom I_{k0} konstant. Er kann als Ausgangspunkt des Diagrammes festgehalten werden. Der Strom $I_k = I_{k0} \cdot \frac{I_e}{I_{e0}}$ ist ebenfalls konstant, solange die Erregung nicht verändert wird. Seine Phasenlage kann aber um den veränderlichen Winkel β von der des Stromes I_{k0} abweichen. Der Endpunkt von I_k und damit auch der Endpunkt des Ankerstromes I bewegt sich somit auf einem Kreis, dessen Durchmesser der Erregung proportional ist.

In dem Kreisdiagramm (Bild 68) sind motorische Ströme nach oben, generatorische Ströme nach unten aufgetragen, aufgenommene Blindströme nach rechts, abgegebene Blindströme nach links (vgl. S. 54). Man sieht aus diesem Diagramm,

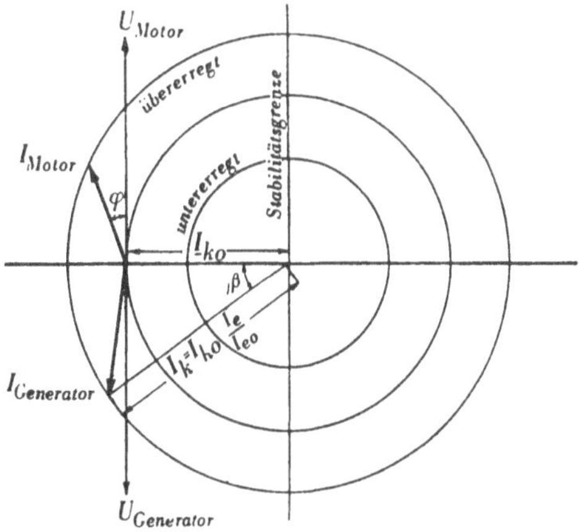

Bild 68. Das Kreisdiagramm der synchronen Maschine

daß z. B. ein übererregter Synchron-Motor bei Leerlauf Blindstrom abgibt, daß dann bei wachsender Belastung, also wachsender Wirkstromaufnahme, die Blindstromabgabe kleiner wird, bis bei einer gewissen Belastung ein reiner Wirkstrom entsteht, daß darüber hinaus auch bei Übererregung Blindstrom aufgenommen wird, und daß der aufgenommene Wirkstrom einen Höchstwert, der der Kippleistung entspricht, nicht überschreiten kann.

Solange mit wachsender Winkelabweichung β die Leistung und somit das Drehmoment zunimmt, wodurch ein weiteres Anwachsen von β verhindert wird, ist der Betrieb stabil. Bei $\beta = 90^0$ wird die Stabilitätsgrenze erreicht. Von der Stabilitätsgrenze muß man beim praktischen Betrieb weit genug entfernt bleiben. Man läßt daher bei der Nennleistung die Winkelabweichung nicht größer werden als etwa 30°. Dabei wird dann erst die Hälfte der Kippleistung ausgenützt. Das ist notwendig, damit auch bei unvorhergesehenen Leistungsstößen die Stabilitätsgrenze nicht überschritten wird. Im Bereich der normalen Leistungen (bis zu $\beta = 30^0$) ist dann die Leistung angenähert der Winkelabweichung proportional, weil hier $\sin\beta \approx \beta$.

Die Kippleistung ist proportional der Erregung, wie schon aus Gl. (31a) hervorgeht. Bei sehr kleiner Erregung ist auch die Kippleistung sehr klein. Durch den kleinsten Belastungsstoß kann dann die Maschine aus dem Tritt geworfen werden. Man muß deshalb darauf achten, daß auch bei der größten vorkommenden Ladeleistung die Erregung nicht zu klein wird (vgl. S. 60/70).

Das hier gezeigte Kreisdiagramm gilt nur angenähert, weil bei seiner Entwicklung der Ankerblindwiderstand X_k als konstant betrachtet und weil alle Verluste vernachlässigt wurden. Insbesondere ist bei Schenkelpolmaschinen die Kippleistung nicht Null, wenn die Erregung Null ist. Schenkelpolmaschinen können vielmehr auch ohne Erregung leer oder mit kleiner Belastung laufen. Die Kippleistung ist aber auch bei ihnen dann nur klein.

10. Leistungsschwingungen der synchronen Maschine

Bei jeder Belastungsänderung einer synchronen Maschine ändert sich auch die Winkelabweichung. Ist die Maschine an ein Netz mit fester Frequenz angeschlossen, sodaß das Polrad bei konstanter Winkelabweichung β mit absolut konstanter Drehzahl läuft, dann ist jede Änderung des Winkels β nur dadurch möglich, daß die Drehzahl vorübergehend ein wenig von der synchronen abweicht. Dadurch entstehen Schwingungen.

Wird z. B. ein Generator durch plötzliches Öffnen eines Dampfventils stärker belastet (Bild 69, Zeitpunkt t_0), so wird er durch diesen stärkeren Antrieb zunächst beschleunigt. Dadurch wächst auch der Winkel β erst langsam, dann immer schneller. Erst wenn er den Wert erreicht hat, der dem neuen Antriebsdrehmoment entspricht, dann hört die Beschleunigung auf. Die Drehzahl hat jetzt ihren Höchstwert erreicht (Zeitpunkt t_1). Wegen der Trägheit des Polrades kann sich aber nun nicht plötzlich wieder die synchrone Drehzahl einstellen. Die Winkelabweichung wächst also über das richtige Maß hinaus, und das synchronisierende Drehmoment, welches jetzt größer ist als das Antriebsmoment, verzögert die Maschine, bis die synchrone Drehzahl wieder erreicht ist (Zeitpunkt t_2). Bis hier-

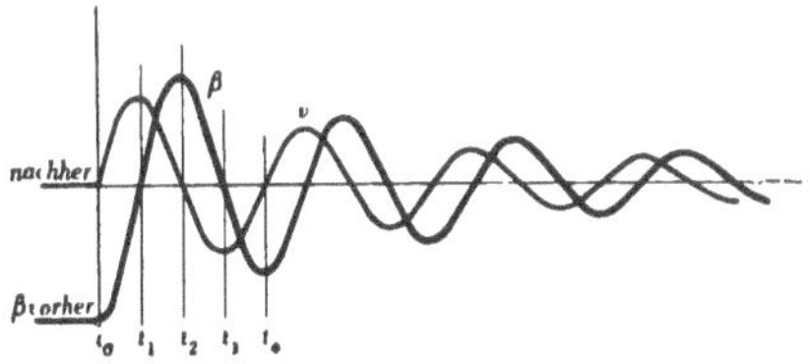

Bild 69. Freie Leistungsschwingung bei einer Belastungsänderung

her hat die Winkelabweichung aber immer noch zugenommen. Sie ist also jetzt viel zu groß. Das ihr proportionale synchronisierende Drehmoment verzögert die Maschine weiter, bis die Drehzahl ebensoviel unter der synchronen liegt, wie sie vorher darüber war (Zeitpunkt t_3). Diese jetzt zu kleine Drehzahl läßt die Winkelabweichung weiterhin abnehmen, sodaß sie fast auf den Wert vor Beginn der Belastungsänderung zurückgeht (Zeitpunkt t_4). Jetzt beginnt das Spiel von neuem. Es würde nie zur Ruhe kommen, wenn die Energie dieser Schwingungen nicht allmählich durch Verluste, vor allem in der Dämpferwicklung, aufgezehrt würde.

Die Frequenz dieser Schwingungen ist nur durch die Eigenschaften der synchronen Maschine selbst bestimmt. Die Schwingungen werden umso langsamer, je größer das Trägheitsmoment des Polrades ist, und um so schneller, je größer das Drehmoment ist, das bei einer Polrad-Abweichung um einen bestimmten räumlichen Winkel $(\beta : p)$ entsteht. Man kann dieses Drehmoment mit der elastischen Kraft bei den Schwingungen einer Feder vergleichen. Die synchrone Maschine ist also ein schwingungsfähiges Gebilde, ebenso wie eine mit Masse behaftete Feder. Sie hat wie diese eine bestimmte Eigenfrequenz und schwingt mit dieser Eigenfrequenz, wenn sie etwa nach einem Stoß sich selbst überlassen bleibt.

Es kommen aber auch erzwungene Schwingungen von anderer Frequenz vor, wenn nämlich das Antriebsmoment eines Stromerzeugers oder das Lastmoment eines Motors nicht konstant ist, sondern pulsiert. Dies ist der Fall bei allen Kolbenmaschinen, sei es, daß ein Stromerzeuger von einer Kolbenkraftmaschine, z. B. einem Dieselmotor, angetrieben wird, oder daß ein Synchron-Motor beispielsweise einen Kolbenverdichter antreibt. In diesem Fall muß auch die elektrische Leistung der synchronen Maschine, also die Winkelabweichung β, mit der aufgezwungenen fremden Frequenz pulsieren. Die Schwingungen des Polrades und der elektrischen Leistung bleiben klein, wenn die aufgezwungene fremde Frequenz von der Eigenfrequenz der synchronen Maschine weit entfernt ist; sie können aber sehr groß werden und einen geordneten Betrieb unmöglich machen, wenn die Fremdfrequenz in die Nähe der Eigenfrequenz kommt.

Praktisch muß man deshalb vor allem diesen Fall der Resonanz vermeiden, d. h. man muß dafür sorgen, daß die Eigenschwingungszahl der synchronen Maschine weit genug unterhalb der langsamsten möglichen Schwingung des Antriebs- oder Lastdrehmoments liegt. Resonanz ist besonders bei langsam laufenden Maschinen zu befürchten. Denn bei diesen wird einerseits die Frequenz der Antriebsschwingungen niedrig, andererseits die Eigenfrequenz hoch, weil bei den vielpoligen Maschinen einer kleinen räumlichen Winkelabweichung $\beta : p$ eine große elektrische Winkelabweichung β und damit ein großes synchronisierendes Drehmoment entspricht. Solche Maschinen für den Antrieb durch Dieselmotoren oder für den Antrieb von Kolbenverdichtern müssen deshalb große Schwungräder erhalten (vgl. S. 11 und Bild 5).

III. Der Betrieb der synchronen Maschine

1. Das Synchronisieren

Wenn ein Stromerzeuger auf ein starkes Netz arbeiten soll, so wird ihm durch dieses Netz Frequenz und Spannung vorgeschrieben. Schon in dem Augenblick, in welchem er mit dem Netz verbunden wird, muß seine Frequenz und seine Spannung mit der des Netzes übereinstimmen, und zwar die Spannung nicht nur der Größe nach, sondern auch der Phase nach. Diese

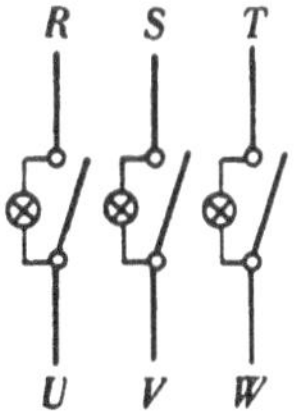

Bild 70. Phasenlampen in Dunkelschaltung

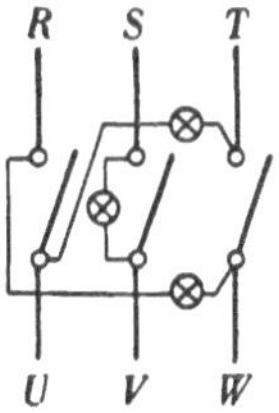

Bild 71. Phasenlampen in Umlaufschaltung

Bedingung gilt für alle drei Wicklungsstränge. Sie schließt also die Forderung ein, daß die zeitliche Reihenfolge der Spannungen in den Wicklungssträngen der Maschine mit der der Netzspannungen übereinstimmt. Danach sind vier Bedingungen einzuhalten, ehe eine Maschine auf ein Netz geschaltet werden kann, nämlich:

1. Übereinstimmung der Frequenz,
2. Übereinstimmung der Phasenfolge,
3. Gleiche Höhe der Spannung,
4. Gleiche Phasenlage der Spannung.

Von diesen Bedingungen wird die dritte einfach durch Beobachtung der Spannungsmesser nachgeprüft. Die Einhaltung der drei anderen Bedingungen wird durch ein besonderes Meßgerät, das Synchronisiergerät, festgestellt.

Das Synchronisiergerät besteht in seiner einfachsten Form aus drei Glühlampen (Phasenlampen), welche nach Bild 70 oder Bild 71 wie drei Spannungsmesser an das Netz und die zuzuschaltende Maschine angeschlossen sind, so daß sie den Maschinenhauptschalter überbrücken. Die Wirkungsweise dieser beiden Schaltungen geht aus den Zeigerbildern 72 und 73 hervor, in denen die Zeiger *R*, *S*, *T* die drei Netzspannungen bedeuten (von einem wirklichen oder gedachten Sternpunkt aus gerechnet) und *U*, *V*, *W* die drei Maschinenspannungen. Sind die Phasenlampen nach Bild 70 geschaltet, so messen sie die Spannungen zwischen *R* und *U*, zwischen *S* und *V* und zwi-

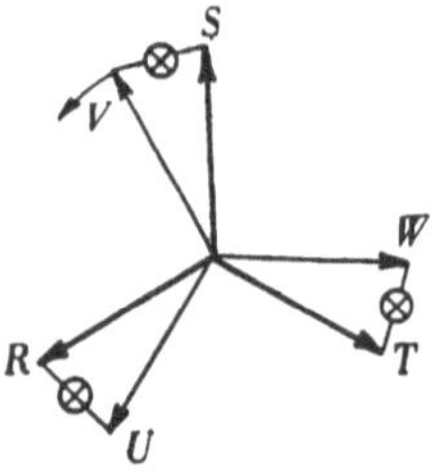

Bild 72. Zeigerbild für die Dunkelschaltung

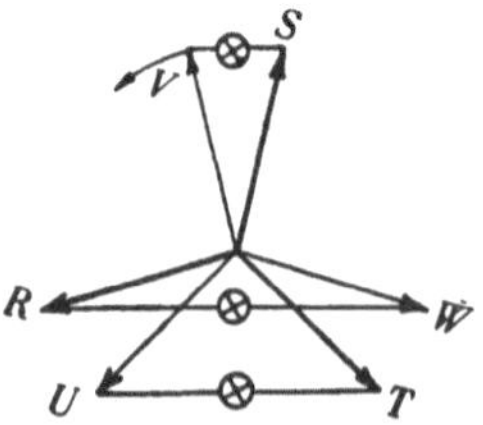

Bild 73. Zeigerbild für die Umlaufschaltung

schen *T* und *W* (Bild 72). Läuft die Maschine ein wenig zu schnell, dann dreht sich der Stern *U*, *V* *W* langsam nach links, wenn man den Stern *R S T* festhält; läuft die Maschine etwas zu langsam, dann dreht sich der Stern *U V W* langsam nach rechts. In beiden Fällen wird die Spannung an jeder der drei Lampen allmählich von Null bis zur doppelten Sternspannung zunehmen und dann wieder abnehmen. Je genauer die Frequenz der Maschine mit der des Netzes übereinstimmt, desto langsamer geht das Aufleuchten und Wieder-Dunkelwerden vor sich. Die richtige Phasenlage ist erreicht, wenn die Phasenlampen dunkel sind. Man nennt deshalb die Schaltung nach Bild 68 die Dunkelschaltung der Phasenlampen.

Sind die Phasenlampen nach Bild 71 geschaltet (eine gerade, zwei gekreuzt), dann messen sie die in Bild 73 durch Einzeichnen der Lampensinnbilder angegebenen Spannungen. Auch hier leuchtet jede der drei Phasenlampen langsam auf, um dann wieder dunkel zu werden. Aber die drei Lampen leuchten nicht gleichzeitig, sondern nacheinander. Ordnet man die drei Lampen auf einem Kreise an, dann läuft der Lichtschein langsam auf diesem Kreise herum, und zwar nach links oder nach rechts, je nachdem, ob die Maschine zu schnell oder zu langsam läuft. Man nennt diese Schaltung die Umlaufschaltung. Die Umlaufschaltung läßt also im Gegensatz zur Dunkelschaltung nicht nur die Größe der Frequenzabweichung, sondern auch die Richtung derselben erkennen. Wenn man an Stelle jeder einzelnen Phasenlampe zwei Lampen in Reihe oder parallel schaltet, diese nach Bild 74 im Kreise anordnet, und das Ganze durch eine Milchglasscheibe verdeckt, dann entsteht der Eindruck eines sich drehenden Lichtzeigers. Der Augenblick gleicher Phasenlage wird bei der Umlaufschaltung dadurch angezeigt, daß die gerade geschaltete Lampe dunkel ist, während die beiden anderen hell, und zwar gerade gleich hell brennen, bei Anordnung nach Bild 74 dadurch, daß der Lichtzeiger die waagerechte Stellung einnimmt.

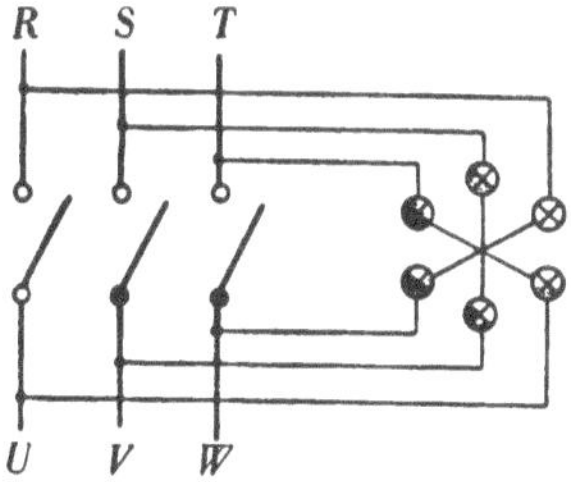

Bild 74. Synchronisier-Schaltung mit 6 Phasenlampen

Beide Schaltungen lassen auch erkennen, ob die Bedingung der gleichen Phasenfolge eingehalten ist. Denn wenn man bei der Schaltung nach Bild 70 zwei Maschinenklemmen, etwa *U* und *W*, vertauschen würde, dann würden die Phasenlampen gerade die in Bild 73 angedeuteten Spannungen messen, sie würden also nicht gleichzeitig, sondern nacheinander (umlaufend) aufleuchten. Wenn man dagegen bei Bild 71 die Maschinenklemmen *U* und *W* vertauscht, dann messen die Phasenlampen die in Bild 72 angegebenen Spannungen, leuchten also gleichzeitig auf. Falsche Phasenfolge wird also immer daran erkannt, daß die Phasenlampen in der einen Schaltung sich so verhalten, als wenn sie in der anderen Schaltung angeordnet wären. Die richtige Phasenfolge braucht im allgemeinen nur nachgeprüft zu werden, wenn eine Maschine zum ersten Male in Betrieb genommen wird; bei späteren Einschaltungen stimmt sie dann von selbst, da sich ja die Drehrichtung der Antriebsmaschine nicht ändert.

Neben den Phasenlampen sind auch Synchronisiergeräte in Gebrauch, die einen umlaufenden Zeiger enthalten. Auf den Aufbau dieser Geräte kann hier nicht näher eingegangen werden. Es genügt zu wissen, daß der Zeiger dieser Synchronisier-

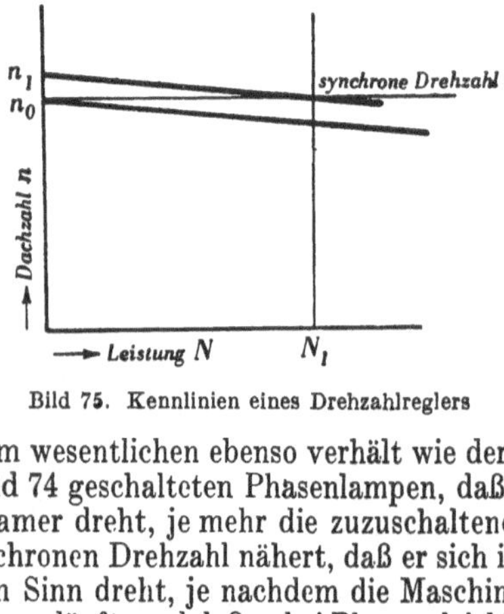

Bild 75. Kennlinien eines Drehzahlreglers

geräte sich im wesentlichen ebenso verhält wie der Lichtzeiger der nach Bild 74 geschalteten Phasenlampen, daß er sich also um so langsamer dreht, je mehr die zuzuschaltende Maschine sich der synchronen Drehzahl nähert, daß er sich in dem einen oder anderen Sinn dreht, je nachdem die Maschine zu schnell oder zu langsam läuft, und daß er bei Phasengleichheit an einer bestimmten Stelle stehen bleibt.

2. Die Leistungsregelung

Wenn ein Stromerzeuger unter genauer Einhaltung der obengenannten Bedingungen mit dem Netz verbunden worden ist, dann gibt er noch keinen Strom ab. Will man, daß er Blindstrom ins Netz liefert, so braucht man ihn jetzt nur stärker zu erregen. Die Abgabe von Wirkstrom aber kann nur durch einen Eingriff an der Antriebsmaschine (Dampfturbine oder Wasserturbine) erzwungen werden. Die Antriebsmaschine ist im Kraftwerksbetrieb stets mit einem Drehzahlregler ausgerüstet, der die Drehzahl nicht genau, sondern nur angenähert konstant hält, mit einem kleinen Drehzahlabfall bei Belastung (Bild 75). Die Leerlaufdrehzahl dieses Reglers kann durch eine Drehzahlverstellvorrichtung verändert werden. Wird sie von n_0 auf n_1 gebracht (Bild 75), so ist die Folge die, daß die Leistung von 0 auf N steigt, da ja die Drehzahl durch den angetriebenen synchronen Stromerzeuger konstant gehalten wird. Die Drehzahlverstellvorrichtung wird meist durch einen kleinen Elektromotor betätigt, der von der Schaltbühne aus durch einen Druckknopf in dem einen oder anderen Sinn eingeschaltet werden kann.

3. Der Betrieb von synchronen Motoren

Synchrone Motoren müssen entweder mit fremder Kraft hochgefahren werden, oder sie müssen eine Einrichtung zum Selbstanlauf (asynchroner Anlauf) haben. Das Hochfahren mit fremder Kraft ist ohne weiteres möglich, wenn der Synchron-Motor beispielsweise einen Gleichstromerzeuger antreibt, der mit einer Batterie zusammenarbeitet. Dann kann die Gleichstrom-Maschine beim Anlauf als Motor mit Strom aus der Batterie arbeiten und dadurch die synchrone Maschine auf die synchrone Drehzahl bringen. Das weitere Verfahren zum Einschalten des Motors ist dann dasselbe wie bei einem Stromerzeuger (siehe S. 83) und auch die Belastung des Motors vollzieht sich ebenso, nur daß jetzt die Gleichstrom-Maschine nicht auf eine höhere, sondern auf eine niedrigere Leerlaufdrehzahl geregelt, also stärker erregt werden muß, damit sie Strom in die Batterie bzw. in das Gleichstromnetz abgibt.

In allen anderen Fällen muß man, wenn man nicht einen besonderen Anwurfmotor aufstellen will, den synchronen Motor für asynchronen Anlauf einrichten. Dazu dient die Dämpferwicklung. Sie besteht aus Stäben, die in Nuten der Polschuhe eingesteckt werden (Bild 8), und Ringen, die diese Stäbe auf beiden Seiten des Polrades verbinden (Bild 5). Sie ist also eine Käfigwicklung, genau so wie sie bei einem asynchronen Motor mit Kurzschlußläufer (Käfigläufer)[1] verwendet wird. Ein

[1]) F. Unger, Induktionsmaschinen, Slg. Göschen Bd. 1140, S. 73.

Synchron-Motor mit Käfig-Dämpferwicklung verhält sich daher beim Anlauf fast ebenso wie ein asynchroner Käfigläufer-Motor, d. h. er würde bei voller Spannung einen sehr großen Anlaufstrom aufnehmen und wird deshalb stets mit verminderter Spannung (meist etwa 30% der Nennspannung) angelassen. Dabei entwickelt er nur ein relativ kleines Drehmoment, sodaß dies Verfahren hauptsächlich für Arbeitsmaschinen in Frage kommt, die unbelastet hochgefahren werden können. Doch kann man auch größere Anfahrdrehmomente, in der Größenordnung von 50% des Vollast-Drehmomentes erhalten, wenn man etwas größere Anlaufstromstöße zuläßt.

Bei diesem asynchronen Anlauf wird in der Erregerwicklung eine recht hohe Spannung induziert. Die Erregerwicklung soll deshalb beim Anlauf über einen nicht allzu großen Widerstand geschlossen sein. Nachdem der Motor im asynchronen Anlauf in die Nähe des Synchronismus gekommen ist (3 bis 5% Schlupf), wird die Gleichstrom-Erregung eingeschaltet, und dadurch zieht sich der Motor in den Synchronismus.

Synchrone Motoren werden hauptsächlich da verwendet, wo man Wert darauf legt, mit $\cos\varphi = 1$ oder sogar mit voreilendem Motorstrom zu arbeiten. Deshalb wird nach beendetem Anlauf die Erregung stets höher eingestellt als die Leerlauferregung (Übererregung). Dadurch erreicht man gleichzeitig den Vorteil, daß das Kippmoment viel größer wird als bei Leerlauferregung oder Untererregung (vgl. Bild 68).

IV. Die Prüfung der synchronen Maschine

Während man bei kleinen Maschinen im Prüffeld nur die Wicklungsisolation jeder einzelnen Maschine prüft und sich im übrigen auf Typenprüfungen beschränkt, wird bei großen Maschinen üblicherweise, ehe die Maschine die Fabrik verläßt, ein vollständiger Abnahmeversuch durchgeführt. Dabei sind die Vorschriften der REM[1]) zu beachten. Zu einem vollständigen Abnahmeversuch gehört

[1]) Lit.-Verz. Nr. 7.

1. Die Prüfung der mechanischen Festigkeit.
2. Die Prüfung der Isolierfestigkeit.
3. Die Messung der Erwärmung.
4. Die Aufnahme der Kennlinien zwecks Bestimmung der Spannungsänderung und der Stabilität.
5. Die Messung der Verluste und des Wirkungsgrades.

1. Die Prüfung der mechanischen Festigkeit

Zweierlei Kräfte sind es, die erhebliche mechanische Beanspruchungen hervorrufen, nämlich die Fliehkraft, welche den Läufer zu zerreißen sucht (s. S. 13), und die Kurzschlußkräfte, welche die Wicklungsköpfe der Ständerwicklung zu verbiegen suchen (s. S. 27).

Die Festigkeit des Läufers wird nachgeprüft, indem man ihn 2 Minuten lang mit einer erhöhten Drehzahl laufen läßt (Schleuderprüfung). Durch die REM (§ 79) ist die Schleuderdrehzahl für Dampfturbinenantrieb auf das 1,25fache der Nenndrehzahl festgesetzt. Für Wasserturbinenantrieb ist sie gleich der Durchgangsdrehzahl der Turbine, mindestens jedoch gleich dem 1,8fachen der Nenndrehzahl. Für alle anderen Fälle, z. B. auch für Motoren, genügt eine Schleuderprüfung mit dem 1,2fachen der Nenndrehzahl.

Bei großen Maschinen mit hohen mechanischen Beanspruchungen, bei denen die Gefahr eines Zerspringens bei der Schleuderprüfung nicht ganz ausgeschlossen erscheint, wird diese Prüfung in besonders hergerichteten Schleuderprüfgruben vorgenommen.

Um festzustellen, ob die Ständerwicklungsköpfe der Beanspruchung durch die Kurzschlußkräfte gewachsen sind, unterwirft man jede synchrone Maschine nach REM § 47 einer Festigkeitsprüfung mit Stoßkurzschlußstrom, indem man die leerlaufende und voll erregte Maschine plötzlich kurzschließt. Der Stoßkurzschlußstrom ist proportional dem vorher in der Maschine vorhandenen magnetischen Fluß, also der Hauptspannung E. Da diese bei Belastung größer ist als die Klemmenspannung U (s. Bild 64), schreiben die REM vor, daß die Maschine bei der Kurzschlußprüfung auf das 1,05fache der Nennspannung zu erregen ist.

Nach diesen Prüfungen der mechanischen Festigkeit dürfen sich keine schädlichen Formveränderungen zeigen und die Maschine muß die im folgenden Abschnitt beschriebenen Spannungsprüfungen nachträglich aushalten.

2. Die Prüfung der Isolierfestigkeit

(REM § 48 bis 53.)

Sie besteht aus der Wicklungsprüfung und der Windungsprüfung. Bei der Wicklungsprüfung wird die Isolierung jeder Wicklung, bei den mehrphasigen Ständerwicklungen im allgemeinen auch die Isolierung jedes einzelnen Wicklungsstranges, gegen den Eisenkörper und gegen alle anderen Wicklungen geprüft. Zu diesem Zweck wird zwischen die zu prüfende Wicklung und den Rest der Maschine eine Wechselspannung angelegt, deren Höhe je nach Nennleistung und Nennspannung der Maschine durch die REM (§ 50) vorgeschrieben ist und im allgemeinen das zwei- bis dreifache der Nennspannung beträgt. Diese Spannung wird stetig oder in kleinen Stufen bis zum Endwert gesteigert und bleibt dann eine Minute lang bestehen. Dabei darf weder ein Durchschlag der Isolation noch ein Überschlag eintreten. Gleitfunken, d. h. Funken längs der Oberfläche der Isolierung, die von einem Pol ausgehen, aber den anderen nicht erreichen, also nicht zum Überschlag führen, sind bei dieser Prüfung nicht immer ganz zu vermeiden, dürfen aber frühestens einsetzen, wenn die Nennspannung um 25% überschritten ist. Gleitfunken entstehen vor allem an den Stellen, an welchen die Wicklung aus den Nuten austritt. Sie gehen dort von den Kanten des Eisenkörpers aus und gleiten züngelnd längs der aus den Nuten hervorragenden Teile der Nutenisolation.

Die Windungsprüfung dient zur Feststellung der ausreichenden Isolierung benachbarter Windungen gegeneinander und zum Auffinden von Wicklungsdurchschlägen. Bei ihr wird die Maschinenspannung im Leerlauf durch Erhöhung der Erregung oder der Drehzahl auf das 1,3fache der Nennspannung, in besonderen durch die REM festgelegten Fällen auch auf das 1,5fache gesteigert und 3 Minuten lang aufrecht erhalten. Auch hierbei darf kein Durchschlag eintreten.

3. Die Messung der Erwärmung

Auf diesen nächst den Isolationsproben wichtigsten Teil einer Maschinenprüfung soll hier nicht weiter eingegangen werden, weil die notwendigsten Angaben darüber schon in dem Buch des Verfassers über die Gleichstrom-Maschine[1]) zu finden sind. Im übrigen enthalten auch hierüber die REM in § 31 bis 40 eine Reihe von Vorschriften, mit denen man sich vor der Durchführung solcher Versuche vertraut machen muß.

4. Die Aufnahme der Kennlinien und die Streuungsmessung

Bei jeder synchronen Maschine pflegt man in erster Linie die Leerlaufkennlinie und die Kurzschlußkennlinie (Bild 65) aufzunehmen. Wenn ein genügend starkes Netz zur Verfügung steht, macht man auch einen Übererregungsversuch, d. h. man schaltet die Maschine auf das Netz und steigert dann die Erregung, bis die Maschine einen Blindstrom möglichst von der Größe ihres Nennstromes in das Netz liefert.

Um das Zeigerdiagramm der Maschine für eine beliebige Belastung zeichnen zu können und danach die Spannungsänderung bei Entlastung zu bestimmen, scheint es zunächst notwendig zu sein, daß man die beiden Seiten des Potier-Dreiecks kennt. Man versucht deshalb meist, die Streuspannung für sich allein zu bestimmen. Kennt man sie, dann genügt die Kenntnis des Kurzschlußerregerstromes I_{ek} (Bild 65), um auch I_{g0}, die Gegenerregung bei Blindlast, also die andere Seite des Potier-Dreiecks zu finden.

Vielfach versucht man, die Streuspannung dadurch zu bestimmen, daß man die Ständerwicklung vor dem Einbau des Polrades mit einem Strom von beliebiger Größe, etwa dem Nennstrom, speist und die dazu erforderliche Spannung mißt.

[1]) Lit.-Verz. Nr. 6, Bd. II, S. 47.

Bei diesem Versuch entsteht außer dem Streufeld das sog. Bohrungsfeld, ein magnetisches Feld, welches den ganzen sonst vom Polrad eingenommenen Luftraum erfüllt. Die gemessene Spannung setzt sich also aus der Streuspannung E_σ und der Bohrungsfeldspannung E_b zusammen. Da das Bohrungsfeld und mit ihm die Bohrungsfeldspannung E_b, wenn auch unter einigen vereinfachenden Annahmen, leicht berechnet werden kann, so wäre damit auch die Streuspannung ermittelt. Die Messung ist aber nicht einwandfrei, weil dabei nur das Nutenstreufeld genau in derselben Weise verläuft wie bei eingebautem Läufer, während das Stirnstreufeld und vor allem das Spaltstreufeld sich bei ausgebautem Läufer in ganz anderer Weise ausbildet.

Ein anderes Verfahren zur Bestimmung der Streuspannung benützt den oben erwähnten Übererregungsversuch. Durch diesen Versuch ist der Punkt C in Bild 65 bestimmt, während durch den Kurzschlußversuch der Punkt C_k festgelegt ist. Das Potier-Dreieck muß sich nun aus der Lage $A_k\,B_k\,C_k$ in die Lage $A\,B\,C$ verschieben lassen. Wenn man also vom Punkt C aus die Kurzschlußerregung I_{ek} nach links aufträgt und durch den linken Endpunkt dieser Strecke eine Parallele zur Anfangstangente der Leerlaufkennlinie zieht, so muß diese den oberen Teil der Leerlaufkennlinie im Punkte A schneiden. Durch den Punkt A ist das ganze Potier-Dreieck mit den Seiten $AB = E_\sigma$ und $BC = I_{g0}$ bestimmt. Auch dies Verfahren ist nicht ganz einwandfrei, denn es vernachlässigt den Umstand, daß die verstärkte Erregung bei Blindlast auch die Polstreuung zunehmen läßt. Mit ihr erhöht sich aber die Sättigung im Eisen der Pole und des Polradkranzes. Für den Hauptfluß ist deshalb jetzt ein größerer Erregerstrom notwendig, als ihn die Leerlaufkennlinie angibt.

Auch das Verhältnis der Ströme bei einem zweipoligen und einem dreipoligen Kurzschlußversuch kann zur Bestimmung der Streuung benützt werden; doch ist auch dieses Verfahren nicht sehr genau und jedenfalls nur bei Maschinen mit guter Dämpferwicklung brauchbar.

Für die Bestimmung der Spannungsänderung ist diese Unsicherheit der Streuungsbestimmung nicht von großer Bedeutung. Denn sowohl Streuung wie Gegenerregung bedingen eine Spannungsänderung, und es macht wenig aus, wenn man die eine zu klein, die andere dementsprechend zu groß in die weitere Rechnung bzw. in das Zeigerdiagramm einsetzt, zumal da der Einfluß der Gegenerregung viel größer ist als der der Streuung. Nur deshalb führen die obengenannten Verfahren der Streuungsmessung praktisch zu befriedigenden Ergebnissen.

Anders ist es, wenn man aus der Streuungsmessung die Höhe des Stoßkurzschlußstromes berechnen will. Denn der Stoßkurzschlußstrom ist nur von der Streuung allein abhängig; eine ungenaue Bestimmung der Streuung wirkt sich also hier voll aus und kann durch nichts anderes ausgeglichen werden. Deshalb empfiehlt sich die Messung der Streuung nach einem anderen, wenn auch weniger gebräuchlichen Verfahren, bei welchem ähnliche Verhältnisse hergestellt werden wie beim Stoßkurzschluß, und bei welchem deshalb gerade der hierfür maßgebende Streuungswert gemessen wird, nämlich durch den asynchronen Kurzschlußversuch. Bei diesem Versuch wird die Maschine nicht angetrieben, sondern der Läufer steht still oder wird höchstens langsam gedreht. Man speist dann den Ständer mit dem Nennstrom und mißt die dazu erforderliche Spannung. Diese Spannung ist durch die gesamte Streuung zwischen der Ständerwicklung und den Wicklungen des Läufers bestimmt, also bei einer Maschine ohne Dämpferwicklung durch die Summe aus Ständer- und Läuferstreuung, bei einer Maschine mit Dämpferwicklung durch die Ständerstreuung allein (vgl. S. 74), in beiden Fällen durch die für den Stoßkurzschlußstrom maßgebende Streuung. Ist die bei diesem Versuch erforderliche Spannung bei Nennstrom $\varepsilon_s \cdot U_n$, dann ist der Wechselstromanteil des Stoßkurzschlußstromes $I_n : \varepsilon_s$ (Effektivwert). Wenn der Läufer bei diesem Versuch stillsteht, ist die gemessene Streuung von der Stellung des Läufers abhängig. Man verdrehe dann den Läufer in mehreren Stufen im ganzen um $^1/_3$ einer Polteilung und nehme den Mittelwert aus den Einzelmessungen. Diesen Mittelwert erhält man auch, wenn man den Läufer bei diesem Versuch langsam dreht, am besten gegen das Drehfeld.

Um das Zeigerdiagramm einer Schenkelpolmaschine für eine beliebige Belastung zeichnen zu können, muß man auch noch die Querspannung E_q bzw. den Querblindwiderstand X_q (Bild 59 u. 62) kennen. Die Messung der Querspannung oder, was auf dasselbe hinausläuft, des Polradverdrehungswinkels β, ist jedoch nur nach recht umständlichen Verfahren möglich (Hilfsmaschine mit verdrehbarem Ständer oder Joubertsche Scheibe oder Vergleich der Spannungen bei Leerlauf und Belastung mit dem Oszillographen). Meist begnügt man sich deshalb damit, das Verhältnis $k_q : k_g$ und damit $\Theta_q : \Theta_g$ nach den Gl. (17) zu berechnen und dann E_q nach Bild 58 zu bestimmen.

5. Die Messung der Verluste

(REM § 58 bis 62.)

Bei kleinen Maschinen kann der Wirkungsgrad auf direktem Wege, d. h. durch Messung der abgegebenen und der aufgenommenen Leistung ermittelt werden, ebenso wie bei anderen elektrischen Maschinen[1]). Bei größeren Maschinen dagegen kommen nur die indirekten Verfahren in Betracht, insbesondere das Einzelverlustverfahren[2]). Doch pflegt man bei der Anwendung des Einzelverlustverfahrens auf synchrone Maschinen im Gegensatz zu anderen elektrischen Maschinen, etwa Gleichstrom-Maschinen, die Leerverluste nicht durch Messung der elektrischen Leistungsaufnahme bei Motorleerlauf, sondern durch Messung der mechanischen Leistungsaufnahme bei Generatorleerlauf zu bestimmen. Denn man würde ja in den meisten Fällen zum Anwerfen der Maschine, wenn sie als Motor laufen sollte, ohnehin einen Hilfsmotor brauchen. Der Hilfsmotor ermöglicht dann auch die Ermittlung der Lastverluste einschließlich des Zusatzverlustes. Wir wollen dieses Verfahren der Verlustmessung das „Hilfsmotor-Verfahren" nennen. Daneben kommt für synchrone Maschinen als weiteres Verfahren zur indirekten Wirkungsgradbestimmung das sog. „Übererregungsverfahren" in Betracht.

---

[1]) Lit.-Verz. Nr. 6, Bd. II, S. 39.

[2]) a. a. O. S. 43.

Beim Hilfsmotor-Verfahren verwendet man zum Antrieb der zu untersuchenden Maschine eine „geeichte Hilfsmaschine", d. h. eine relativ kleine Maschine, deren Verluste genau genug bekannt sind. Man mißt die elekrische Leistungsaufnahme dieser Maschine und errechnet daraus die mechanische Leistungsabgabe. Die zu untersuchende synchrone Maschine läßt man zunächst unerregt leerlaufen; man findet dadurch ihren Reibungsverlust. Dann erregt man sie auf Nennspannung und findet die Summe aus Reibungsverlust und Eisenverlust, und durch Abzug des schon bekannten Reibungsverlustes auch den Eisenverlust allein. Dann wird die Maschine kurzgeschlossen und so erregt, daß der Kurzschlußstrom gleich dem Nennstrom wird. Dadurch findet man, wenn man von der Leistungsaufnahme den Reibungsverlust abzieht, die Lastverluste, d. h. den eigentlichen Stromwärmeverlust in der Ankerwicklung und den durch Streufelder entstehenden Zusatzverlust. Denn bei diesem Kurzschlußversuch sind auch die Streufelder in vollem Maße vorhanden, und da die Messung bei voller Drehzahl, also voller Frequenz des Kurzschlußstromes geschieht, so entstehen auch die vollen Streufeldverluste (Zusatzverlust). Den Stromwärmeverlust allein kann man auch finden, indem man mit Gleichstrom den Widerstand der Ankerwicklung mißt. Für die Wirkungsgradberechnung muß dieser Verlust auf die Betriebstemperatur umgerechnet werden; der Zusatzverlust dagegen nicht. Der Erregungsverlust kann aus dem nach Abschnitt 4 (s. S. 91) bekannten Erregerstrom und dem leicht zu messenden Widerstand der Erregerwicklung berechnet werden. Auch der Widerstand der Erregerwicklung muß auf die Betriebstemperatur der Maschine umgerechnet werden. Der Übergangsverlust an den Erregerschleifringen wird berechnet, indem man für die meist verwendeten metallhaltigen Bürsten 0,3 V als Spannungsabfall unter jeder Bürstenreihe einsetzt.

Bei dem nur für synchrone Maschinen anwendbaren Übererregungsverfahren (REM § 58 II) muß die zu untersuchende Maschine als Motor an ein Drehstromnetz angeschlossen werden, am besten asynchron anlaufend, u. U. aber auch mittels eines Hilfsmotors, dessen Reibungsverlust bekannt sein muß, wenn er später leer mitläuft. Hat das Netz die Nennspannung der Maschine und erregt man die leerlaufende Maschine auf $\cos\varphi = 1$ (geringste Stromaufnahme), dann ist ihre Leistungsaufnahme gleich dem Reibungs- und Eisenverlust, vermehrt um einen ganz kleinen Stromwärmeverlust, der leicht berechnet und abgezogen werden kann. Erregt man die Maschine aber stärker, bis sie den vollen Nennstrom als fast reinen Blindstrom aufnimmt, dann entstehen in der Maschine auch die Lastverluste einschließlich der Zusatzverluste, sodaß man zu ihrer Leistungsaufnahme nur noch den wie oben berechneten Erregungsverlust hinzurechnen muß, um die gesamten Verluste der Maschine zu erhalten.

Genau genommen muß beim Übererregungsverfahren die Spannung etwas niedriger sein als die Nennspannung, weil bei diesem Versuch nahezu $\cos\varphi = 0$ ist und weil deshalb die Hauptspannung E bei gleicher Klemmenspannung größer wird als beim Nennleistungsfaktor. Dies hat Einfluß auf den Eisenverlust; doch macht es praktisch so wenig aus, daß man meist einfach mit der Nennspannung arbeitet.

Die hier erwähnten Verfahren der Verlustmessung, also der Wirkungsgradermittlung, sind beide genauer als die bei anderen elektrischen Maschinen üblichen Verfahren, weil man hier auch die Zusatzverluste mitmessen kann, also nicht auf eine Schätzung dieser Verluste angewiesen ist[1]).

V. Die Größenbemessung

1. Entwurfsgleichung und Ausnützung

Die Größe einer Wechselstrom-Maschine hängt nicht von der abzugebenden Wirkleistung ab, sondern von der abzugebenden (beim Motor von der aufzunehmenden) Scheinleistung. Denn die Ankerwicklung ist voll belastet, wenn sie ihren Nennstrom führt, gleichgültig ob dieser Strom Wirkstrom oder Blindstrom ist. Die Belastbarkeit eines Wechselstromerzeugers pflegt man deshalb nicht in kW, sondern in kVA, d. h. durch die zulässige Scheinleistung anzugeben. Auch ein

[1]) Lit.-Verz. Nr. 6, Bd. II, S. 46.

Synchron-Motor, der durch Übererregung zur Blindstrom-Lieferung herangezogen werden soll, muß größer bemessen werden, als wenn er nur mit $\cos\varphi = 1$ arbeiten soll.

Im übrigen gelten für die Größenbemessung der synchronen Maschine dieselben Grundsätze und Überlegungen wie bei anderen elektrischen Maschinen, z. B. der Gleichstrom-Maschine[1]). Die allgemeine Kenntnis dieser Zusammenhänge soll hier vorausgesetzt werden. Auch hier lassen sich die Hauptabmessungen der Maschine (Ständer-Innendurchmesser D und Eisenlänge L bzw. ideelle Länge L_i) in eine Beziehung zu der sog. „inneren Leistung" bringen. Als innere Leistung bezeichnen wir allgemein die Größe

$$N_i = m \cdot E \cdot I, \tag{32}$$

wo m die Zahl der Wicklungsstränge (Phasenzahl), E die induzierte Hauptspannung in einem Wicklungsstrang und I den Strom eines Wicklungsstranges bedeutet. Setzt man hier für E den Wert aus Gl. (3) S. 38 ein, so erhält man

$$N_i = 4{,}44 \cdot f \cdot \xi \cdot \Phi \cdot w \cdot I \cdot m. \tag{32a}$$

Setzt man weiter $\Phi = \alpha_i \cdot t_p \cdot B_{\max} \cdot L_i$ und $2f \cdot t_p = v = \pi \cdot D \cdot \frac{n}{60}$,

und beachtet man, daß bei voll bewickeltem Ständer, also praktisch bei allen Mehrphasen-Maschinen, $2 \cdot w \cdot I \cdot m = \pi \cdot D \cdot A$ ist ($A =$ Strombelag), so erscheint als Maß für die Leistung das Produkt aus der gesamten magnetischen und der gesamten elektrischen Durchflutung:

$$N_i = 1.11 \cdot \xi \cdot (\alpha_i \cdot \pi \cdot D \cdot L_i \cdot B_{\max}) \cdot (\pi \cdot D \cdot A) \cdot \frac{n}{60}. \tag{32b}$$

Wir wollen nun als „inneres Drehmoment" dasjenige Drehmoment einführen, welches der inneren Leistung N_i entsprechen würde, wenn diese Leistung eine reine Wirkleistung wäre, also ein scheinbares Drehmoment, welches nur bei $\cos\varphi = 1$ (genauer $\cos\psi = 1$) wirklich auftritt. Mit σ bezeichnen wir den mittleren Drehschub, der diesem scheinbaren inneren Drehmoment entspricht. Dann ergibt sich ebenso wie bei der Gleichstrom-Maschine

[1]) Lit.-Verz. Nr. 6, Bd. II, S. 60.

$$(33) \qquad N_i = \frac{n}{60} \cdot (\pi \cdot D)^2 \cdot L_i \cdot \sigma \cdot \frac{9{,}81}{100}$$

und

$$(34) \qquad \sigma = 1{,}11 \cdot \xi \cdot \frac{\alpha_i \cdot B_{max} \cdot A}{9{,}81 \cdot 10^6}\ ^{1)}.$$

In der letzteren Gleichung sind nur die Faktoren $1{,}11 \cdot \xi$ gegenüber der entsprechenden Gleichung für die Gleichstrom-Maschine[2]) neu hinzugekommen. Da nun bei den gewöhnlichen Wicklungen $\xi = 0{,}96$ ist, also $1{,}11 \cdot \xi \approx 1{,}06$, und da häufig noch ein Sehnungsfaktor hinzuzurechnen ist, der diesen Wert noch weiter verkleinert, so kann praktisch für σ mit derselben Gleichung gerechnet werden wie bei Gleichstrom-Maschinen.

Die Beanspruchungen bewegen sich bei kleinen synchronen Maschinen ungefähr in dem gleichen Rahmen wie bei Gleichstrom-Maschinen[3]). Höchstens wird mit Rücksicht auf das erwünschte kleine Kurzschlußverhältnis (S. 71) die Luftinduktion etwas kleiner, der Strombelag etwas größer gewählt als dort. Bei Maschinen für hohe Spannungen wird die Wärmeabgabe durch die starke Isolierung beeinträchtigt. Der Strombelag und mit ihm der mittlere Drehschub muß dann kleiner gewählt werden. Bei größeren rasch laufenden Maschinen dagegen, insbesondere bei Turbogeneratoren, ermöglicht die geschlossene Bauart eine so intensive und wirksame Kühlung, daß man den Strombelag wesentlich höher wählen kann. Es kommen hier Strombeläge bis zu 700 A/cm vor. Dadurch steigt der mittlere Drehschub bis auf etwa 0,4 kg/cm². Es wird also gerade bei diesen Hochleistungsmaschinen eine Materialausnützung erreicht wie bei keiner anderen elektrischen Maschine.

Einphasenmaschinen werden berechnet wie Dreiphasenmaschinen, bei denen ein Wicklungsstrang unbenützt bleibt. Die beiden anderen Wicklungsstränge geben dieselbe Spannung wie bei der Dreiphasenmaschine, die Leistung ist aber jetzt nicht mehr $\sqrt{3} \cdot U \cdot I$, sondern nur noch $U \cdot I$, also $\sqrt{3}$-mal kleiner.

---

1) Hier ist B_{max} in Gauß einzusetzen, nicht in Weber/cm².

2) Lit.-Verz. Nr. 6, Bd. II, S. 64, Gl. (23).

3) a. a. O. S. 63, Bild 30.

2. Die Grenzleistung

Größere Leistungen bedingen auch größere Abmessungen. Die Abmessungen können aber nicht beliebig gesteigert werden, weil dadurch die mechanischen Beanspruchungen erhöht würden. Eine Vergrößerung des Durchmessers D bedeutet ja bei gegebener Drehzahl auch eine Erhöhung der Umfangsgeschwindigkeit $v = \pi \cdot D \cdot \frac{n}{60}$ (der Polraddurchmesser ist nur unwesentlich kleiner als D). Wenn man in Gl. (33) D durch v ausdrückt, dann erhält man

$$N_i = \frac{9,81}{100} \cdot \frac{60}{n} \cdot v^2 \cdot L_i \cdot \sigma. \qquad (35)$$

Hierin ist die Umfangsgeschwindigkeit v durch die Rücksicht auf die Fliehkraft begrenzt; denn die Beanspruchung des Läufereisens durch die Fliehkraft wächst mit dem Quadrat der Umfangsgeschwindigkeit. Nur dadurch, daß die Hüttentechnik in den letzten Jahrzehnten Baustoffe geschaffen hat, die erheblich höhere Beanspruchungen vertragen als die früheren, ist es gelungen, die zulässige Umfangsgeschwindigkeit immer weiter heraufzusetzen. Man geht heute bei Turbogeneratoren bis zu $v = 150 \,..\, 160$ m/s. Andererseits ist der mittlere Drehschub σ durch die elektromagnetischen Beanspruchungen begrenzt. Wenn diese Grenzen erreicht sind, bleibt zur Erhöhung der Leistung bei gegebener Drehzahl nur noch der Weg, die Länge L zu vergrößern. Aber auch die Länge kann nicht unbegrenzt gesteigert werden. Denn mit ihr wächst die Durchbiegung und sinkt daher die kritische Drehzahl. Man hat sich schon entschließen müssen, bei großen Maschinen die kritische Drehzahl unter die Betriebsdrehzahl zu legen, also in dem Bereich zwischen der ersten und der zweiten, ja sogar zwischen der zweiten und dritten kritischen Drehzahl zu arbeiten. Dadurch ist es gelungen, Leistungen bis zu 80000 kVA bei $n = 3000$ in einer Maschine zu erzeugen. Bei niedrigeren Drehzahlen könnten auch Maschinen für noch wesentlich größere Leistungen hergestellt werden, doch liegt hierfür kein Bedarf mehr vor. Bekannt geworden sind Ausführungen bis zu 100000 kVA bei $n = 1500$.

VI. Der Einanker-Umformer

1. Allgemeines

Zu den synchronen Maschinen gehört auch der Einanker-Umformer (Bild 76). Er entnimmt Wechselstrom (meist Drehstrom) über einen Transformator aus einem Drehstromnetz

Bild 76. Einanker-Umformer

und gibt Gleichstrom ab. Er arbeitet also gleichzeitig als Synchron-Motor und als Gleichstrom-Generator. Seine Ankerwicklung führt gleichzeitig den Drehstrom und den Gleichstrom. Sie muß also eine Gleichstromwicklung sein; denn eine Gleichstromwicklung kann als ein Sonderfall einer Wechselstromwicklung betrachtet werden, nämlich als eine Wechselstromwicklung mit lauter gleichen Wicklungsschritten in geschlossener Schaltung (Dreieck- oder Sechseck-Schaltung). Der Anker erhält neben dem Stromwender, von dem der Gleichstrom abgenommen wird, auch Schleifringe für die Zuführung des Wechselstromes. Der Stromwender bedingt, daß eine solche Wicklung nicht wie bei anderen Wechselstrom-

Maschinen üblich auf dem Ständer, sondern nur auf dem Läufer angeordnet werden kann. Deshalb steht der Einanker-Umformer im Aufbau der Gleichstrom-Maschine näher als der Wechselstrom-Maschine; er hat stets ebenso wie jene als Ständer ein Magnetjoch mit ausgeprägten Polen. Auch seine Bemessung ist ebenso wie die der Gleichstrom-Maschine wesentlich durch den Stromwender bedingt.

Für das Anlaufen des Einanker-Umformers bestehen dieselben Möglichkeiten wie für den Synchron-Motor (S. 87/88).

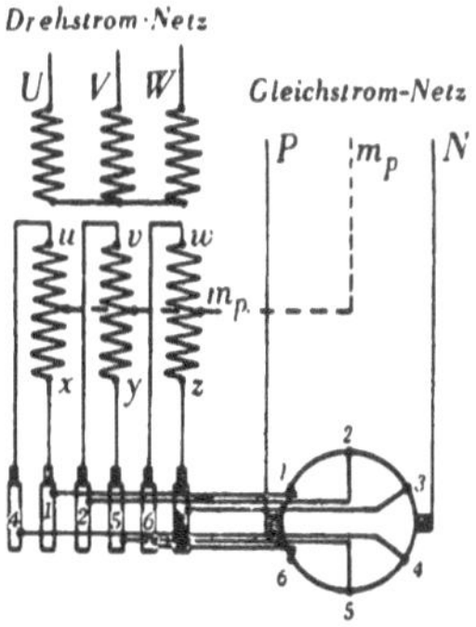

Bild 77. Schaltbild eines Einanker-Umformers mit 6 Schleifringen und mit Gleichstrom-Mittelleiter

2. Das Spannungsverhältnis

Gleichspannung und Wechselspannung werden beim Einanker-Umformer in derselben Wicklung induziert. Sie stehen daher in einem festen Verhältnis zueinander. Dieses Verhältnis ist abhängig von der Art der Schaltung. Kleine Einanker-Umformer erhalten drei Schleifringe zum Anschluß an den Drehstrom-Transformator (Dreiphasenschaltung), größere dagegen sechs Schleifringe (Sechsphasenschaltung). Mit diesen sechs Schleifringen kann die Sekundärwicklung des Transformators in offener Schaltung verbunden werden (Bild 77). Die Mittelpunkte der drei Wicklungsstränge des Transformators können aber auch zu einem Sternpunkt zusammengefaßt werden. An diesem Sternpunkt kann dann ein Mittelleiter des Gleichstrom-Netzes angeschlossen werden (in Bild 77 gestrichelt eingetragen).

Die Gleichspannung ist ebenso wie bei einer Gleichstrom-Maschine zu berechnen[1]):

$$\overline{E} = 4 \cdot f \cdot \overline{\xi} \cdot \Phi \cdot w_a. \qquad (36)$$

Dabei bedeutet Φ den gesamten magnetischen Fluß eines Poles,

[1]) Lit.-Verz. Nr. 6, Bd. I, S. 45.

f die Frequenz, $w_a = \frac{k \cdot \mathfrak{w}}{2a}$ die gesamte zwischen zwei Bürstenreihen in Reihe geschaltete Windungszahl des Ankers, k die Zahl der Stromwenderstege oder der Wicklungselemente (Teilspulen), $\mathfrak{w}$ die Zahl der Windungen einer Teilspule, $\bar{\xi}$ einen Faktor, der die Sehnung und die Bürstenverschiebung berücksichtigt.

Die Grundwelle der Wechselspannung ist nach Formel (3a) S. 42 zu berechnen:

$$(3\text{a}) \qquad \tilde{E}_1 = 4{,}44 \cdot f \cdot \xi_1 \cdot \xi_{s1} \cdot \Phi_1 \cdot w.$$

Hier bedeutet Φ_1 den Fluß der Grundwelle eines Poles, w die Windungszahl, die zur Erzeugung der Wechselspannung in Betracht kommt, ξ_1 den Wicklungsfaktor und ξ_{s1} den Sehnungsfaktor. Als Wechselspannung gibt man die höchste Spannung zwischen zwei Schleifringen an, also bei Sechsphasen-Umformern die Spannung zwischen zwei im Schema gegenüber liegenden Schleifringen (Durchmesser-Spannung). Bei einem Sechsphasen-Umformer ist also einzusetzen $w = \frac{k \cdot \mathfrak{w}}{2a}$, bei einem Dreiphasen-Umformer dagegen $w = \frac{k \cdot \mathfrak{w}}{3a}$. Der Wicklungsfaktor für die Grundwelle ist bei Dreiphasenschaltung $\xi_1 = 0{,}827$, bei Sechsphasenschaltung dagegen für die Durchmesserspannung $\xi_1 = \frac{2}{\pi} = 0{,}637$[1]).

Das Verhältnis der Wechselspannungen zwischen den verschiedenen Schleifringen zueinander kann aus Bild 78 entnommen werden. Das Verhältnis der Wechselspannung zur Gleichspannung ist dagegen von der Feldform und der Bürstenstellung, auch von der Sehnung, abhängig. Für eine Wicklung ohne Sehnung und für Bürstenstellung in der neutralen Zone ($\bar{\xi} = 1$ und $\xi_{s1} = 1$) ergibt sich für das Verhältnis der Spannungen

---

[1]) Nur für die Spannung zwischen zwei benachbarten Schleifringen wäre nach der Tabelle S. 41 $\xi_1 = 0{,}955$ einzusetzen.

$$(37)\qquad \tilde{E}_1 : \bar{E} = 1{,}11 \cdot \xi_1 \cdot \frac{\Phi_1}{\Phi} \cdot \frac{w}{w_a},$$

also für Dreiphasenanschluß

$$(37\text{a})\qquad \tilde{E}_1 : \bar{E} = 1{,}11 \cdot 0{,}827 \cdot \frac{2}{3} \cdot \frac{\Phi_1}{\Phi} = 0{,}612 \cdot \frac{\Phi_1}{\Phi}$$

und für Sechsphasenanschluß

$$(37\text{b})\qquad \tilde{E}_1 : \bar{E} = 1{,}11 \cdot 0{,}637 \cdot \frac{\Phi_1}{\Phi} = 0{,}707 \cdot \frac{\Phi_1}{\Phi}.$$

Bei sinusförmiger Feldverteilung ist $\Phi_1 = \Phi$. In diesem Fall ist für Dreiphasen-Umformer $\tilde{E}_1 : \bar{E} = 0{,}612$ und für Sechsphasen-Umformer $\tilde{E}_1 : \bar{E} = 0{,}707$. Bei anderer Feldform kann das Spannungsverhältnis von der angegebenen Werten mehr oder weniger abweichen. Bei Bürstenverschiebung aus der neutralen Zone kann der von einer kurzgeschlossenen Spule umfaßte Fluß $\bar{\xi} \cdot \Phi$ wesentlich kleiner werden als der Gesamtfluß oder auch als die Grundwelle des Gesamtflusses. Dieselbe Wirkung erzielt man, wenn man bei fester Bürstenstellung den Fluß verschiebt. Dies geschieht bei den sog. Spaltpol-Umformern, die man zuweilen anwendet, wenn bei fester Wechselspannung die Gleichspannung in weiten Grenzen geändert werden soll.

Die angegebenen Spannungsverhältnisse gelten bei Leerlauf. Die bei Belastung hinzukommenden Spannungsabfälle sind jedoch sehr gering. Mehr als das Spannungsverhältnis des Umformer-Ankers ist das des Transformators mit der Belastung veränderlich. Die Spannungsänderung des ganzen Umformers ist überwiegend hierauf zurückzuführen.

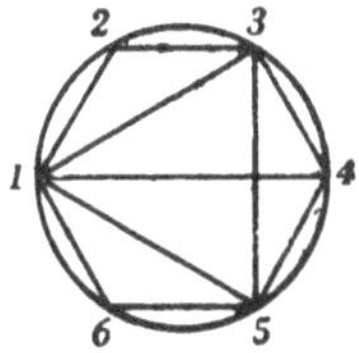

Bild 78. Wechselspannungen eines Einanker-Umformers

Mit dem Spannungsverhältnis hängt auch das **Stromverhältnis** zusammen. Vernachlässigt man zunächst die Verluste, so läßt sich der Schleifringstrom I_s bzw. sein Wirkanteil $I_s \cdot \cos\varphi$ daraus ermitteln, daß die über die Schleifringe zugeführte Leistung der auf der Gleichstromseite abgegebenen Leistung gleich sein muß. Für den dreiphasigen Umformer ist also

$$(38) \qquad \sqrt{3} \cdot \tilde{E}_1 \cdot I_s \cdot \cos\varphi = \overline{E} \cdot \overline{I}$$

oder für sinusförmige Feldverteilung

$$(38\text{a}) \qquad I_s \cdot \cos\varphi = 0{,}94 \cdot \overline{I}.$$

Für den sechsphasigen Umformer ist

$$(39) \qquad 3 \cdot \tilde{E}_1 \cdot I_s \cdot \cos\varphi = \overline{E} \cdot \overline{I}$$

oder für sinusförmige Feldverteilung

$$(39\text{a}) \qquad I_s \cdot \cos\varphi = 0{,}47 \cdot \overline{I}.$$

Bei nicht sinusförmiger Feldverteilung wird das Stromverhältnis $I_s \cdot \cos\varphi : I$ um so größer, je kleiner das Spannungsverhältnis $\tilde{E}_1 : E$ wird. Der Reibungsverlust und der Eisenverlust bedingen eine nur geringe Vergrößerung der aufgenommenen Drehstromstärke.

Außer diesem Wirkstrom nimmt aber der Einanker-Umformer ebenso wie ein Synchron-Motor auch einen Blindstrom $I_s \cdot \sin\varphi$ auf, dessen Größe von der Erregung abhängt.

3. Spannungsregelung

Eine Spannungsregelung in engeren Grenzen (üblich bis etwa $\pm 5\%$) bewirkt man durch Übererregung und Untererregung mit Hilfe einer Drosselspule. Da der Einanker-Umformer als Synchron-Motor arbeitet, so nimmt er bei Übererregung einen voreilenden, bei Untererregung einen nacheilenden Strom auf. Wenn man nun vor die Schleifringe eine dreiphasige bzw. sechsphasige Drosselspule mit dem Blindwiderstand X_d schaltet, dann entsteht durch den Blindstrom $I_s \cdot \sin\varphi$ eine Zusatzspannung $X_d \cdot I_s \cdot \sin\varphi$, durch welche die Schleifringspannung bei Übererregung vergrößert und bei Untererregung verkleinert wird. Da Schleifringspannung und Gleichspannung einander proportional sind, kann man jetzt durch Änderung der Erregung auch die Gleichspannung regeln. In manchen Fällen genügt auch schon der Streublindwiderstand des Transformators, sodaß man eine besondere Drosselspule nicht benötigt.

Eine Regelung der Spannung in größerem Umfange bewirkt man am besten durch einen vor die Schleifringe geschalteten Drehtransformator. Seltener wird der oben erwähnte Spaltpol-Umformer verwendet. Bei ihm ist jeder Pol in zwei Einzelpole aufgespalten, von denen einer stets voll erregt ist, während die Erregung des anderen zwischen einem positiven und einen negativen Höchstwert beliebig geändert werden kann. Bei fester Wechselspannung ändert sich dadurch die Gleichspannung zwischen Null und einem Höchstwert.

4. Stromwärme und Belastbarkeit

In jedem Wicklungsabschnitt des Umformer-Ankers fließen gleichzeitig der Gleichstrom und der Wechselstrom. Beide sind im wesentlichen entgegengesetzt gerichtet. Der resultierende Gesamtstrom in einem Wicklungselement und somit der Stromwärmeverlust in diesem Element ist deshalb wesentlich kleiner als der Gleichstrom allein bzw. der durch ihn verursachte Stromwärmeverlust. Der Verlust ist nicht in allen Wicklungselementen gleich groß, sondern in denen, die unmittelbar neben den Schleifringanschlüssen liegen, wesentlich größer als in denen, die in der Mitte zwischen zwei Anschlüssen liegen.

Der gesamte Stromwärmeverlust im Umformer-Anker ist abhängig von der Phasenzahl. Ist R_a der Ankerwiderstand, gemessen zwischen den positiven und negativen Bürstenreihen, ist also bei reinem Gleichstrombetrieb der Stromwärmeverlust $R_a \cdot \bar{I}^2$, und setzt man den Verlust beim Umformer-Betrieb $= \nu \cdot R_a \cdot \bar{I}^2$, so ist für einen Dreiphasen-Umformer $\nu = 0{,}567$ und für einen Sechsphasen-Umformer $\nu = 0{,}267$.

Die Belastbarkeit eines Ankers bei Umformer-Betrieb ist deshalb wesentlich größer als bei reinem Gleichstrombetrieb; denn bei gleichen Verlusten darf der Strom beim Umformer-Betrieb $1 : \sqrt{\nu}$ mal so groß sein als beim Gleichstrombetrieb. Dadurch steigt die Belastbarkeit beim Dreiphasen-Umformer auf 133%, bei Sechsphasen-Umformer auf 195% der Gleichstrom-Leistung. Die Zunahme der Belastbarkeit mit der Phasenzahl ist der Grund dafür, daß alle größeren Umformer mit 6 Schleifringen ausgeführt werden.

Die angegebenen Werte gelten bei richtiger Erregung, d. h. wenn der Umformer mit $\cos \varphi = 1$ arbeitet. Bei Untererregung oder Übererregung entsteht ein Blindstrom im Anker; der durch ihn verursachte Verlust kann unabhängig von dem des Wirkstromes berechnet werden und kommt noch hinzu. Soll der Umformer zur Phasenverbesserung einer Anlage herangezogen werden und deshalb mit Übererregung arbeiten, oder soll er zwecks Spannungsregelung unter- oder übererregt werden, so muß er demnach entsprechend größer bemessen werden. Dasselbe gilt, wenn auch in geringerem Maße, für den Transformator des Umformers.

5. Stromwendung des Einanker-Umformers

Über die Stromwendung gilt im wesentlichen dasselbe wie bei einer Gleichstrom-Maschine[1]). Doch ist zu beachten, daß das Ankerquerfeld hier nicht in voller Größe entsteht, weil die erregende Durchflutung des Gleichstroms und die des Drehstroms im wesentlichen einander entgegen wirken. Ein Rest bleibt nur deshalb, weil die Form der Ankerfelderregerkurve des Gleichstroms mit der des Drehstroms nicht übereinstimmt. In der Wendezone liegt die Spitze der dreieckförmigen Gleichstrom-Ankerfelderregerkurve um etwa 15% höher als die Kuppe der sinusförmigen Drehstrom-Ankerfelderregerkurve.

Die meisten Umformer werden ebenso wie Gleichstrom-Maschinen mit Wendepolen ausgeführt. Die Wendepole benötigen nach dem soeben Gesagten nicht wie bei einer Gleichstrom-Maschine 100% sondern nur 15% der Gleichstrom-Ankerdurchflutung zur Kompensation des Ankerfeldes, darüber hinaus natürlich auch hier die zur Erregung des Wendefeldes erforderliche Durchflutung. Im Falle einer plötzlichen Belastungsänderung, insbesondere bei Kurzschluß, bildet sich aber das Gleichstrom-Ankerfeld vollkommen aus. Denn die Kurzschlußleistung wird im ersten Augenblick aus der Bewegungsenergie des Umformer-Ankers gedeckt; erst während der Anker um die erforderliche Winkelabweichung β (s. S. 75) gegenüber seiner synchronen Lage zurückbleibt, entsteht der

[1]) Lit.-Verz. Nr. 6, Bd. I, S. 74.

Kurzschlußstrom auch auf der Drehstromseite. Bei einem Kurzschluß reicht also die Wendepolerregung nicht aus, um das Ankerfeld aufzuheben. Das Wendefeld erreicht nicht die erforderliche Stärke; ja es kann sogar die falsche Richtung annehmen. Einanker-Umformer sind deshalb besonders empfindlich gegen Kurzschlüsse; sie zeigen im Kurzschlußfall ein starkes Bürstenfeuer. Um diese Gefahr zu vermindern, gibt man den Wendepolen einen besonders großen Luftspalt.

6. Vergleich des Einanker-Umformers mit anderen Umformern

An Stelle eines Einanker-Umformers kann auch ein Motor-Generator verwendet werden, um Drehstrom in Gleichstrom umzuformen. Hierbei wird die Drehstromleistung zunächst in mechanische und dann erst in elektrische Leistung umgeformt. Jede der beiden Maschinen, der Drehstrom-Motor und der Gleichstrom-Generator, muß für die volle Leistung bemessen sein. Der Motor-Generator wird deshalb wesentlich schwerer und teurer als der Einanker-Umformer und hat einen schlechteren Wirkungsgrad als dieser, obwohl man natürlich beim Einanker-Umformer auch den Preis und den Wirkungsgrad des zugehörigen Transformators berücksichtigen muß.

Dagegen läßt sich beim Motor-Generator die Gleichspannung ohne weiteres in beliebig weiten Grenzen regeln, während man beim Einanker-Umformer, wie oben gezeigt, besondere Hilfseinrichtungen braucht, um diese Regelung zu ermöglichen. Diese Hilfseinrichtungen verursachen auch wieder Kosten und Verluste.

Auch wenn die geforderte Gleichspannung besonders hoch ist, kann der Motor-Generator vorzuziehen sein. Denn eine hohe Spannung bedingt bei einer Gleichstrom-Maschine eine große Zahl von Stromwenderstegen und damit eine große Polteilung am Stromwender. Beim Motor-Generator kann man nun die Polteilung der Gleichstrom-Maschine erforderlichenfalls vergrößern, indem man die Polzahl klein wählt. Beim Einanker-Umformer dagegen liegt die Polzahl bei gegebener Drehzahl mit Rücksicht auf die synchronen Eigenschaften dieser Maschine fest. Anders ausgedrückt: Beim Einanker-Umformer bedeutet eine große Polteilung auch eine große Stromwender-Umfangsgeschwindigkeit (vgl. S. 39 Anm. 1), weil die Frequenz gegeben ist; beim Motor-Generator dagegen kann die Ummagnetisierungs-Frequenz des Gleichstrom-Teiles frei gewählt werden. Die Gleichspannung eines Einanker-Umformers sollte deshalb im allgemeinen nicht höher gewählt werden als etwa 1000 V, wenn auch Ausführungen bis zu 1600 V bekannt geworden sind.

Bei höheren Spannungen, wie sie im Bahnbetrieb vielfach verlangt werden, kann man sich durch den sog. Kaskaden-Umformer helfen. Dieser besteht aus einer asynchronen Maschine und einer elektrisch und mechanisch mit ihr verbundenen Gleichstrom-Maschine. Die asynchrone Maschine läuft mit der Hälfte ihrer synchronen Drehzahl und arbeitet daher als Frequenzwandler. In ihrem Läufer werden Spannungen von der halben Netzfrequenz induziert. Der Läufer der asynchronen Maschine und der Anker der Gleichstrom-Maschine können ohne Schleifringe an beliebig vielen (meist 12) Punkten miteinander verbunden werden. Die asynchrone Maschine verwandelt die ihr zugeführte Leistung zur Hälfte in mechanische Leistung, zur Hälfte in elektrische Leistung. Die Gleichstrom-Maschine arbeitet daher zur Hälfte als Generator, zur Hälfte als Umformer, dieses aber mit halber Frequenz. Der Kaskaden-Umformer nimmt daher in allen seinen Eigenschaften eine Mittelstellung zwischen dem Einanker-Umformer und dem Motor-Generator ein. Der Ankerstromwärmeverlust in seinem Gleichstrom-Anker ist größer als bei einem Einanker-Umformer, aber kleiner als bei einem reinen Gleichstrom-Generator. Die höchste erzeugbare Spannung steigt bei gleicher Umfangsgeschwindigkeit des Stromwenders auf das doppelte.

Ein wesentlich ernsterer Wettbewerb entstand dem Einanker-Umformer in neuerer Zeit durch den Quecksilberdampf-Gleichrichter, der in bezug auf Preis, Gewicht und Platzbedarf noch vorteilhafter ist als der Einanker-Umformer, dessen Wirkungsgrad bei nicht allzu niedriger Spannung und insbesondere bei Teilbelastung noch höher liegt und der auch an Betriebssicherheit dem Einanker-Umformer heute kaum noch nachsteht.

Sachregister

RINGSDORFF
RW
EN12
20
RINGSDORFF-WERKE GMBH MEHLEM-RHEIN

BBC
SYNCHRON-MOTOREN
für den wirtschaftlichen Antrieb der Kolben- u. Turboverdichter
BBC Z 10/7
BROWN, BOVERI & CIE. A.-G., MANNHEIM

In der **Sammlung Göschen** liegen aus der **Elektrotechnik und deren Nebengebieten** gegenwärtig die nachstehenden Bände vor:

Nr. 136 **Mahler, G., Physikalische Formelsammlung.** 8., verbess. Aufl. 1950. 153 S.

Nr. 252 **Daßler, A., Elektrochemie und ihre physikalisch-chemischen Grundlagen.** Bd. I. Mit 21 Abb. 1950. 149 S.

Nr. 253 — —, Bd. II. Mit 17 Abb. 1950. 178 S.

Nr. 257 **Humburg, K., Die Gleichstrommaschine I.** Mit 59 Abb. Durchgeseh. Neudruck. 1949. 102 S.

Nr. 354 **Valentiner, S., Vektoranalysis.** Mit 10 Fig. 7., wesentl. veränderte Aufl. 1950. 138 S.

Nr. 445 **Asmus, E., Physikalisch-Chemische Rechenaufgaben.** 2. Aufl. 1949. 96 S.

Nr. 579 **Müller, W., Technische Tabellen und Formeln.** 4., überarbeit. Aufl. von E. Schulze. Mit 105 Fig. 1951. 152 S.

Nr. 711 **Kesselring, F., Theoretische Grundlagen zur Berechnung der Schaltgeräte.** Mit 92 Abb. 3. Aufl. 1950. 144 S.

Nr. 827 **Schwaiger, A., Elektromotorische Antriebe** (Grundlagen für die Berechnung). Mit 42 Abb. 3. Aufl. 1951. 102 S.

Nr. 881 **Humburg, K., Die Gleichstrommaschine II.** Mit 38 Abb. Durchges. Neudruck. 1949. 98 S.

Nr. 952 **Schäfer, W., Transformatoren.** Mit 74 Abb. 2. Aufl. 1949. 128 S.

Nr. 1070 **Sauter F., Differentialgleichungen der Physik.** Mit 16 Fig. 2. Aufl. 1950. 148 S.

Nr. 1132 **Frühauf, G., Überspannungen und Überspannungsschutz.** Neudruck. Mit 98 Abb. 1951. 122 S.

Nr. 1156 **Meinke, H. H., Die komplexe Berechnung von Wechselstromschaltungen.** Mit 114 Abb. 1949. 160 S.

Jeder Band DM 2,40

Hueter, E., Die symmetrischen Komponenten unsymmetrischer Drehstromsysteme. Mit 35 Abb. 1949. 47 S. . . . . DM 2,40

Verlag von Walter de Gruyter & Co., Berlin W 35

FSC
www.fsc.org
MIX
Papier | Fördert gute Waldnutzung
FSC® C083411

Zeitfracht Medien GmbH
Ferdinand-Jühlke-Straße 7
99095 Erfurt, Deutschland
produktsicherheit@kolibri360.de